Michael Kohlhaas

(IM)PROVE your Leadership

Michael Kohlhaas

(IM)PROVE your Leadership

Erfolgsfaktor Führungskultur –

Das Führungshandbuch für den Mittelstand

Bibliografische Information der Deutschen Nationalbibliothek
Die Deutsche Nationalbibliothek verzeichnet diese Publikation in der Deutschen Nationalbibliografie; detaillierte bibliografische Daten sind im Internet über http://dnb.d-nb.de abrufbar.

Michael Kohlhaas
(IM)PROVE your Leadership
Erfolgsfaktor Führungskultur – Das Führungshandbuch für den Mittelstand

Berlin: Pro BUSINESS 2018

ISBN 978-3-96409-025-6

1. Auflage 2018

Produktion und Herstellung: Pro BUSINESS GmbH
Gedruckt auf alterungsbeständigem Papier
Printed in Germany
www.book-on-demand.de

ClimatePartner

Vorwort des Autors

“We are obsessed with leadership. Thousands of studies and books are devoted to it, and we still want more.” (Pfeffer & Sutton, 2006)

Den beiden Professoren der Stanford Business School kann man wohl kaum widersprechen, wenn man sich die Zahl der Veröffentlichungen zum Stichwort „Leadership“ vor Augen führt. Bei Amazon.com sind unter dem Suchbegriff „Leadership“ über 28.000 Buchtitel eingetragen (31.10.2017). Unter „Neuheiten“ sind es zum selben Zeitpunkt und unter demselben Stichwort immerhin 124 Bücher.

Nun sind die aktuellen Zeiten und deren Herausforderungen durchaus dazu angetan, dass althergebrachte „Wahrheiten“ überprüft werden. Die Digitalisierung sowie der demografische Wandel - um nur zwei für unser Thema relevante Entwicklungen herauszugreifen - sind Megatrends, die zu tiefgreifenden technischen, gesellschaftlichen und wirtschaftlichen Veränderungen geführt haben und weiterhin führen werden.

Diese Trends haben auch Einfluss auf den Umgang der Menschen miteinander, nicht zuletzt im unternehmerischen Kontext, und innerhalb dieses Kontextes besonders hinsichtlich der Auswirkungen auf die Führungskultur.

Zwar ist das Thema „Führungskultur“ grundsätzlich weder an eine Branche noch an eine bestimmte Unternehmensgröße gebunden. Dennoch sind die Auswirkungen von gesellschaftlichen Entwicklungen zum Beispiel auf mittelständische Unternehmen durchaus verschieden von den Auswirkungen auf Konzerne. Es sind eben spezielle Herausforderungen, die aber auch spezielle Möglichkeiten enthalten. Solchen Auswirkungen auf die Führungskultur in mittelständisch geprägten Unternehmen widme ich mich in diesem Buch.

Es geht mir dabei nicht um die Veröffentlichung der 1001. Studie zu einem noch nicht thematisierten winzigen Teilaspekt von Führung oder Führungskultur. Vielmehr geht es mir darum, insbesondere den mittelständischen Unternehmen einen ganz praktischen und systematischen Ansatz an die Hand zu geben, um das vorhandene Wissen in praktische Führungsarbeit umsetzen zu können. Führungsstrukturen und Führungsprozesse sollen die gleiche professionelle Aufmerksamkeit erhalten, wie gut strukturierte Produktionsprozesse in den Unternehmen.

Das Buch liefert selbstverständlich keine endgültigen „Wahrheiten", sondern Prozesswissen und Systematiken, welche die Unternehmen für die Gestaltung ihrer individuellen Zukunft nutzen können. In diesem Sinne ist das Buch offen auch für künftige Entwicklungen. Es schafft gleichsam die Voraussetzungen dafür, dass Unternehmen sich immer wieder agil transformieren können. Denn eines erscheint mir sicher: Nichts ist so beständig wie der Wandel. Und es gibt wenige bis gar keine Anzeichen dafür, dass sich die Geschwindigkeit von Veränderungen verringern wird.

Deshalb ist es meines Erachtens klug, sich als Führungskraft mit diesem Gedanken anzufreunden und die Gestaltungsmöglichkeit der Zukunft aktiv zu nutzen. Doch dazu später mehr.

Zunächst gebe ich Ihnen in der gebotenen Kürze einen Überblick über die Megatrends „Digitalisierung" und „Demografischer Wandel" und erläutere Ihnen meine Auffassung, nach der diese Megatrends einen erheblichen

Einfluss auf die (wertebasierte) Führungskultur im Mittelstand haben werden.

In den darauffolgenden Kapiteln des ersten Teils des Buches stelle ich mit dem agilen Prozessmodell der Unternehmensführung und dem IMPROVE®-Zyklus einen systematischen Ansatz dar, wie Führungskultur in einer VUCA-Welt[1] sehr pragmatisch in mittelständischen Unternehmen entwickelt werden kann.

Führung hat sowohl eine organisationale (Unternehmensführung) als auch eine individuelle (Mitarbeiterführung) Komponente.

In den ersten sechs Kapiteln widme ich mich der Unternehmensführung.

Bei all den Veränderungen, die durch die skizzierten Rahmenbedingungen initiiert werden, ist das Kapitel 1 der Darstellung von sieben Grundsätzen wirksamer Führung gewidmet. Es sind dies die stabilen Elemente, die generell oder für längere Zeit gültig sind. Es lohnt sich, diese Elemente gelegentlich ins Bewusstsein zu bringen und zu reflektieren.

Im darauffolgenden Kapitel 2 stelle ich Ihnen ein Denkmodell vor, das für das weitere Verständnis sehr wichtig ist: ein agiles Prozessmodell der Unternehmensführung. Dieses Modell stellt eine in sich geschlossene Systematik dar, die dem Mittelstand hilft, sich diesem komplexen Thema zu nähern.

Kapitel 3 befasst sich mit den strukturellen Komponenten, der sogenannten normativen Ebene der Unternehmensführung. In diesem Kapitel werden einerseits Fragen der

---

[1] Das Akronym VUCA steht für Volatility (Volatilität, rasche Veränderlichkeit), Uncertainty (Ungewissheit), Complexity (Komplexität) und Ambiguity (Mehrdeutigkeit). Im Vorwort werde ich näher darauf eingehen.

Unternehmensstruktur behandelt. Es geht aber auch und insbesondere um solche die Unternehmenskultur prägenden Konzepte und dahinterstehende Fragen:

- Mission: Was wollen wir sein?

- Vision: Wo wollen wir hin?

- Werte: Wofür stehen wir?

Die Strategie im engeren Sinne sowie die Strategieentwicklung als der wesentliche Führungsprozess sind Gegenstände des vierten und fünften Kapitels. Ausgehend von dem Unternehmensmodell aus Kapitel 2 stelle ich zunächst dar, wie der Gegenstand der strategischen Analyse systematisch erarbeitet werden kann. Daran schließt sich die Erläuterung der SWOT-Analyse als wesentliches Element der Strategieentwicklung an.

Ein weiteres Kapitel widmet sich der Königsdisziplin der Unternehmensführung: die Strategieumsetzung. In diesem Kapitel gebe ich Anregungen, wie Unternehmensverantwortliche die Wahrscheinlichkeit der Umsetzung der Unternehmensstrategie im Unternehmen erhöhen können.

Die Führung von Unternehmen ist ohne Menschen, also ohne Mitarbeiterführung nicht denkbar. Aus diesem Grunde gebe ich schließlich im letzten, dem siebten Kapitel des ersten Teils des Buches einen Abriss über den aktuellen Stand der Führungsforschung - jedoch nicht als reine akademische Abhandlung, sondern unmittelbar in Verbindung mit in der Praxis bewährten Instrumenten der Auswahl von Führungskräften. Es geht dabei einerseits um Merkmale der Persönlichkeit, über die zu verfügen es Führungskräften erleichtert, ihre Führungsaufgaben wahrzunehmen. Andererseits geht es um lernbares Führungsverhalten, das nach aktuellem Stand der Erkenntnisse die Zusammenarbeit mit Mitarbeitern verbessert. Ein solches Führungsverhalten bewirkt, dass Mitarbeiter ihr Potenzial tatsächlich und zu einem hohen Prozentsatz einbringen und es beständig erweitern. Auf diese Weise wird Führung im Unternehmen wirksam.

Der zweite Teil des Buches - das *Führungshandbuch für den Mittelstand* - ist der praktischen Umsetzung gewidmet. Er bildet somit den intendierten Kern dieses Buches.

Er ist ein Leitfaden zur systematischen Bestandsaufnahme der unternehmerischen Strukturen und Aktivitäten und bildet somit die unverzichtbare Basis für die SWOT-Analyse im Rahmen der jährlichen Strategieentwicklung bzw. deren Fortschreibung.

Die Ziele und Absichten, die damit verfolgt werden, sind:

- Eine deutliche und dauerhafte Steigerung von Produktivität und Umsatz - orientiert an Spitzenleistungen in mittelständischen Unternehmen.

- Damit verbunden ist die Steigerung der Attraktivität als Arbeitgeber, um im Wettbewerb um die knapper werdenden Fach- und Führungskräfte bestehen zu können.

In diesem Sinne wünsche ich den Leserinnen und Lesern viele gute Anregungen und Impulse.

Ich würde mich darüber hinaus sehr glücklich schätzen, wenn meine Gedanken durchaus „Ecken und Kanten“ aufweisen, an denen man sich „reiben" kann. Scheuen Sie sich also nicht, mir Ihre Kommentare mitzuteilen. Am einfachsten erreichen Sie mich unter meiner E-Mail-Adresse:

m.kohlhaas@100persent.de.

Ich bedanke mich bereits heute für Ihre Anregungen.

Michael Kohlhaas
Im August 2018

Vorwort des ‚Internationaler Controller Verein eV', Schirmherr des BMM-AWARD

Eine erfolgreiche und attraktive Führungskultur basiert auf gemeinsamen Werten und stellt das Erreichen unternehmerischer Ziele sicher, indem sie zugleich den Mitarbeitern die Nutzung und Entwicklung ihrer persönlichen Potenziale ermöglicht und auf diese Weise zum Wachstum der Persönlichkeit beiträgt.

Dabei ist Führung Praxis, weniger Wissenschaft. Der letztendliche Prüfstein der Unternehmensführung ist die erzielte Leistung. Die Ergebnisse, weniger das Wissen, bleiben notwendigerweise sowohl das Ziel als auch der Beweis guter Unternehmensführung. Ergebnisse wiederum sind stets Folgen von Handlungen. Eine überdurchschnittliche Qualität der Führungsleistung führt demnach über produktives Handeln zu überdurchschnittlichen Ergebnissen.

‚Industrie 4.0' als Synonym für die digitale Transformation lässt wohl keine Branche und keine Unternehmensfunktion unberührt. Neue Marktteilnehmer mit digitalem Know-how und innovativen Ideen schaffen völlig neue Serviceangebote, greifen somit etablierte Geschäftsmodelle an und verursachen disruptiven Wandel in der Wirtschaft.

Dies ist keineswegs eine nur technische Herausforderung. Der disruptive Wandel erfordert vielmehr neue Change-

Management-Fähigkeiten: Zentrale Steuerungsfunktionen erweisen sich als zu langsam und zu wenig agil.

Dem Management sowie den Unternehmensfunktionen Controlling und Human Resources (HR) kommen hierbei Schlüsselrollen zu. Vier Aspekte sind dabei besonders hervorzuheben:

- Entwurf einer klaren und starken Vision des Wandels einschließlich einer strategischen Operationalisierung.
- Schaffung von Klarheit hinsichtlich der Risiken, der Potenziale und der Kosten, die mit der digitalen Transformation verbunden sind.
- Systematische Einplanung messbarer Zwischenziele als Follow-Up-Routine für die Führungskräfte.
- Herstellung von Transparenz, um schwierige und zum Teil „schmerzhafte" unternehmerische Entscheidungen plausibel und somit durch die Führungskräfte kommunizier- und vermittelbar zu machen.

Dazu bedarf es neuer Steuerungsinstrumente, sowohl für die Controlling- als auch für die HR-Funktion.

Zum einen werden mehr Echtzeitdaten für die schnelle Verarbeitung bei nahezu unbegrenzter Verfügbarkeit auch über mobile Endgeräte benötigt; zum anderen aber auch Kennzahlen, die die Qualität der Unternehmensführung als solche erfassen - einer Unternehmensführung, die in Zeiten der digitalen Transformation dezentraler und mehr Entscheidungsbefugnis an die „Basis" übertragen muss, was ohnehin kaum aufzuhalten ist.

Und dazu braucht es Führungskräfte, die bereit sind, Verantwortung zu übernehmen und diese auch kompetent und handlungsstark wahrzunehmen.

Vor diesem Hintergrund haben wir im Juli 2017 gerne die Schirmherrschaft für den *BMM-AWARD für Bestes Management im Mittelstand* übernommen. Der *BMM-AWARD* wird von der Manufaktur für Führungskultur im Mittelstand e.V. im Rahmen des jährlich stattfindenden Führungssymposiums verliehen. Der *BMM-AWARD* basiert auf der Systematik, die in diesem Buch dargestellt wird. Gerne und konsequenterweise sind wir daher auch der Bitte des Verfassers nachgekommen, ein Vorwort für dieses Buch zu schreiben.

Das Buch entspricht in seinem Zweck dem gemeinsamen Controller-Leitbild der International Group of Controlling (IGC) und des Internationalen Controller Vereins (ICV), nach dem auch die Controller als Partner des Managements einen wesentlichen Beitrag zum nachhaltigen Erfolg der Organisation leisten.

Controller …

- *gestalten und begleiten den Management-Prozess der Zielfindung, Planung und Steuerung, sodass jeder Entscheidungsträger zielorientiert handelt.*
- *sorgen für die bewusste Beschäftigung mit der Zukunft und ermöglichen dadurch, Chancen wahrzunehmen und mit Risiken umzugehen.*
- *integrieren die Ziele und Pläne aller Beteiligten zu einem abgestimmten Ganzen.*

- *entwickeln und pflegen die Controlling-Systeme. Sie sichern die Datenqualität und sorgen für entscheidungsrelevante Informationen.*
- *sind als betriebswirtschaftliches Gewissen dem Wohl der Organisation als Ganzes verpflichtet.*

Eine herausragende Führungsqualität wird existenziell wichtig, vor allem im Mittelstand. Werte wie Vertrauen, Respekt und Verantwortung bestimmen die Qualität der Unternehmensführung maßgeblich.

Die systematische Gestaltung einer zeitgemäßen Führungskultur sowie eine regelmäßige Überprüfung des Führungserfolgs werden in Zukunft erfolgskritisch. Der *BMM-AWARD* und das ihm zugrundeliegende *Führungs-handbuch* machen den Unternehmen ein Angebot, um das komplexe Thema Führungskultur zu operationalisieren sowie den Führungserfolg und die Führungsqualität zu „controllen".

Wir wünschen dem Buch und dem *BMM-AWARD* die Anerkennung, die sie verdienen, zum Wohle der Unternehmen und der in ihnen arbeitenden Menschen: für unternehmerischen Erfolg durch engagierte Mitarbeiter.

***Siegfried Gänßlen**, Vorsitzender des Vorstands des ‚Internationaler Controller Verein eV' und **Carmen Zillmer**, Mitglied des Vorstands des ‚Internationaler Controller Verein eV' und Geschäftsführer*

Vorwort der Zahnen Technik GmbH

Die Zahnen Technik GmbH hat in den letzten Jahren bereits mehrfach mit Erfolg am *BMM AWARD* für Bestes Management im Mittelstand teilgenommen. Basis der Bewertung ist zum einen die sogenannte Geschäftsbeschreibung, die wir auf Basis des derzeitigen Führungshandbuchs erarbeitet haben. Im Jahr 2017 haben wir erstmals zusätzlich das „Führungsbarometer", eine Mitarbeiterbefragung zur Analyse der Führungsqualität im Unternehmen, eingesetzt. Das Führungsbarometer stellt die zweite Säule der Bewertung in der Business-Kategorie des Wettbewerbs dar.

Vor diesem Hintergrund sind wir gerne der Bitte des Autors nachgekommen, für die Neuauflage des *Führungshandbuches* ein Vorwort aus Sicht eines mittelständischen Unternehmens beizusteuern.

Die Firma Zahnen wurde 1958 von meinem Vater als Elektroinstallationsbetrieb mit angegliedertem Elektrowarenladen im rheinland-pfälzischen Arzfeld gegründet. Im Jahr 1992 übernahm ich das traditionelle Handwerksunternehmen meines Vaters.

Auch wenn es damals den Begriff noch gar nicht gab, so kann ich aus heutiger Sicht sagen, dass wir das Geschäftsmodell der Zahnen Technik GmbH von der Gründung bis zum heutigen Tag zweimal disruptiv verändert haben.

Die erste disruptive Veränderung wurde durch einen Strategiewechsel vollzogen, den das Unternehmen um die Jahrtausendwende einleitete. An die Stelle des bisherigen produktbezogenen Geschäftsmodells „Elektrotechnik für

Jedermann" entstand das zielgruppenorientierte Geschäftsmodell „Elektro- und Maschinentechnik für Abwasseranlagen".

Inzwischen haben wir den zweiten disruptiven Strategiewechsel auf ein „nutzenbezogenes Geschäftsmodell" umgesetzt. Mit dem ganzheitlichen Ansatz der „zahnen water engineering performance" haben wir ein Geschäftsmodell von internationaler Bedeutung geschaffen. Die „zahnen water engineering performance" mit ihrem herausragenden Ingenieurwissen, eigenen Forschungsprojekten, Verfahren, Lösungen und Engineering Tools verhalf dem Unternehmen zu einem gehobenen Expertenstatus. Mit Hilfe und unter Nutzung der neuen technologischen Möglichkeiten erfolgte eine komplette Unternehmensumstrukturierung in eine digitale und agile Arbeitswelt.

Mit diesem ganzheitlichen Ansatz begleiten wir als innovativer Mittelständler unsere Kunden national und international bei der Optimierung, Modernisierung und dem Neubau von Wasser- und Abwasseranlagen.

Zudem änderten sich nicht nur das Geschäftsmodell, sondern auch die Anforderungen an die Personalarbeit. Im Zuge der demografischen Entwicklung wandelte sich der Arbeitsmarkt zunehmend von einem Arbeitgeber- zu einem Arbeitnehmermarkt. Den damit einhergehenden Fachkräftemangel in technischen Berufen spüren wir in unserer ländlichen Region mit Nähe zu Luxemburg bereits seit ca. zehn Jahren.

Diese - vielleicht dritte disruptive - Entwicklung führte zu der Entscheidung, uns als Arbeitgebermarke zu etablieren und im Zuge dessen eine strategische Personalplanung einzuführen.

In diesem Zusammenhang standen auch die bisherigen Teilnahmen am *BMM-AWARD*. Die Gutachten der Jury sowie die Auswertung des „Führungsbarometers“ haben die Stärken und Verbesserungspotenziale in den Bereichen Strategie, Führung und Mitarbeiter aufgezeigt und uns wichtige Ansatzpunkte für Entwicklungsmaßnahmen aufgezeigt.

Durch die stetige Verbesserung der Unternehmensführung, sowohl bei der Mitarbeiter- als auch bei der Ergebnisorientierung, sehen wir für uns die Möglichkeit, uns von der Newcomer-Kategorie des *BMM-AWARD* im Jahr 2015 zu einem umfassenden Qualitätsmanagement im Sinne eines Total-Quality-Managements (TQM-Systems) weiterzuentwickeln.

Mit dem *BMM-AWARD* konnten wir unsere Arbeitgeberattraktivität nach außen steigern. Das wird uns auch in Zukunft bei der Bewältigung der großen Herausforderung helfen, weiterhin eine ausreichende Zahl an hochqualifizierten Beschäftigten zu halten und neue Bewerbungen zu generieren.

Schwerpunkt der Arbeit wird es sein, qualifizierte Leistungsträger intern zu entwickeln und im Unternehmen zu halten. Auch hierfür erhält man durch den *BMM-AWARD* wertvolle Ansätze.

Aus diesem Grunde wünschen wir dem vorliegenden, völlig neu konzipierten *Führungshandbuch* viel Erfolg und neugierige, von Führungsthemen begeisterte Leser.

Herbert Zahnen, *Geschäftsführender Gesellschafter der Zahnen Technik GmbH*

Arzfeld, im Sommer 2018

Inhaltsverzeichnis

Teil 1 - Unternehmensführung in einer VUCA-Welt

Einleitung - Warum Führung neu gedacht werden muss

Wir leben in einer VUCA-Welt

Diesen oder ähnliche Sätze liest man in jüngster Zeit immer öfter, wenn es um die Beschreibung der geänderten Rahmenbedingungen geht, unter denen Unternehmen organisiert und Mitarbeiter geführt werden.

Das Akronym VUCA steht für

- Volatility (Volatilität, rasche Veränderlichkeit)
- Uncertainty (Ungewissheit)
- Complexity (Komplexität) und
- Ambiguity (Mehrdeutigkeit)

Der Begriff wurde vor einigen Jahren von der US-Armee geprägt, um die extremen Bedingungen in den kriegerischen Auseinandersetzungen in Afghanistan und im Irak zu beschreiben.

Den veränderten Ausbildungsinhalten des US Army War College liegt dieses VUCA-Konzept zugrunde. (McChrystal, McChrystal, Collins, Fussell, & Silverman, 2016)

Es beinhaltet einen Paradigmenwechsel in der Führung:

- weg von den Ansätzen der traditionellen Problemlösungstechniken und des linearen Planens, um Unsicherheiten zu reduzieren;

- hin zu einer aktiven, d.h. tätigen Auseinandersetzung mit der realen Unsicherheit, die ein höheres Maß an Agilität und Handlungsorientierung in der Führung erfordert.

Der Begriff VUCA machte eine schnelle Karriere. Das verwundert nicht, da er auf kurze und leicht verständliche Art und Weise viel von dem zusammenfasst, was wir in den letzten Jahren an Veränderung erleben. Ob es nun Begriffe sind wie sprunghafte Innovation, verkürzte Produkt- und Marktlebenszyklen, disruptive Entwicklungen, Dynamik, Agilität oder sich selbst steuernde Organisationen.

Die grundlegenden Ideen vieler Artikel zu den genannten Begriffen finden sich im Konzept der VUCA-Welt wieder.

Angesichts der rasanten Entwicklungsgeschwindigkeit in nahezu allen Lebensbereichen - Stichwort und Megatrend „Digitalisierung" - kann man dem Begriff VUCA bescheinigen, dass er die Situation zutreffend charakterisiert.

Zwar gab es schon immer technischen Fortschritt. Aber die Entwicklungsgeschwindigkeit ist enorm und in dieser Intensität ein neues Phänomen. Ein Beispiel aus der

Musikindustrie[2] mag dies – stellvertretend für viele ähnliche Entwicklungen – belegen.

Das Grammophon als Gerät zur Aufzeichnung und Wiedergabe von Tönen wurde bereits 1887 von Emil Berliner erfunden und am 26.09.1887 zum Patent angemeldet. Als reines Abspielgerät war es der mechanische Vorläufer des Plattenspielers. Konsequenterweise prägte Berliner auch den Begriff Schallplatte. Den Beginn der Schallplatten-Vervielfältigung kann man im Jahr 1892 ansetzen, als erstmals von mit Nickel überzogenen Kupfer-Negativplatten Kopien aus vulkanisiertem Gummi (Hartgummi) gepresst wurden. Schellack wurde ab 1895 als Grundstoff in der Plattenindustrie eingesetzt.

Im Grunde blieb die Schallplatte über einen Zeitraum von nahezu hundert Jahren unverändert, bis sie schließlich von der Compact Disc (CD) abgelöst wurde - aus heutiger Sicht unfassbar, ja gar nicht mehr denkbar.

Mit der Einführung der digitalen Compact Disc (Audio-CD) gingen ab Mitte der 1980er-Jahre die Verkäufe und Produktionszahlen von Schallplatten immer rascher zurück. 1990 wurden rund doppelt so viele CDs verkauft wie LPs. Anfang der 1990er verkündeten die wichtigsten Konzerne der Phonoindustrie gemeinsam den „Tod der Schallplatte". Fortan wurde nur noch auf die Audio-CD gesetzt, beziehungsweise später auf Weiterentwicklungen wie SACD und DVD-Audio, welche sich jedoch bisher nicht durchsetzen konnten.

---

2 https://de.wikipedia.org/wiki/Grammophon, 06.03.2018, 09.45 Uhr

Jahr	Langspielplatte (Stück)	Compact Disc (Stück; ohne CD-Single)
1985	74,0 Mio.	6,8 Mio.
1986	68,8 Mio.	13,3 Mio.
1987	66,3 Mio.	22,8 Mio.
1988	57,6 Mio.	39,2 Mio.
1989	48,3 Mio.	56,9 Mio.
1990	44,7 Mio.	76,2 Mio.
1991	23,8 Mio.	104,2 Mio.
1992	5,1 Mio.	131,8 Mio.
1994	0,7 Mio.	166,2 Mio.
2001	0,6 Mio.	133,7 Mio.
2010	0,6 Mio.	98,7 Mio.
2011	0,7 Mio.	96,9 Mio.
2012	1,0 Mio.	92,8 Mio.
2013	1,4 Mio.	88,0 Mio.
2014	1,7 Mio.	87,0 Mio.
2015	2,1 Mio.	84,0 Mio.
2016	3,1 Mio.	74,0 Mio.

Tabelle 1: Absatzzahlen Langspielplatte und Compact Disc 1984–1994, 2001, 2010–2016 in der Bundesrepublik Deutschland[3]

Die CD - das ist bereits an den o.a. Absatzzahlen erkennbar - wird das biblische Alter der Schallplatte nicht erreichen. Spätestens 1995, mit der Einführung des ersten tragbaren MP3-Players mit Speicherung auf der damals von ScanDisk und Siemens entwickelten Multimedia Card, war der Wachstumspfad der CD beendet. Anfang 1999 debütierte der MP3-Player auf dem deutschen Markt. Bereits im September 2000 kam die erste Digitalkamera mit eingebautem MP3-

[3] Quelle: Bundesverband der Phonografischen Wirtschaft / Bundesverband Musikindustrie. Daten für 1990 ab Juli mit den neuen Bundesländern

Player von Fujifilm in die Regale und immer mehr Geräte integrierten den MP3-Player als eine von vielen Funktionen.

Und ja, da war dann noch ‚one more thing …'[4]

Heute kann fast jedes Smartphone, jeder Mediaplayer oder DVD-Spieler als MP3-Player benutzt werden. Deshalb verschwinden MP3-Player, die nur Musik abspielen können, zunehmend aus den Haushalten.

Dadurch, dass Smartphones und Tablets immer mehr zu Universalgeräten auch für das Musikhören wurden und gleichzeitig die Mobilnetze der dritten und vierten Generation immer stärker ausgebaut wurden, wurde Streaming, das bereits in den späten Neunzigerjahren entstand, auch für unterwegs attraktiv.

Wir sind gespannt, wie sich die Technik in der Musikindustrie weiterentwickelt.

[4] Die Einführung des Apple iPhone im Januar 2007 durch Steve Jobs: https://www.bing.com/videos/search?q=one+more+thing+iphone&&view=detail&mid=300F333B9D614A0133C5300F333B9D614A0133C5&FORM=VRDGAR

Demografischer Wandel

An einem zweiten Megatrend kommt man bei der Betrachtung der Führungskultur ebenfalls nicht vorbei: dem demografischen Wandel.

Der demografische Wandel beschreibt die Einwohnerzahl und wie sich die Bevölkerung nach Alter, Geschlecht, Migrationshintergrund, Regionen und anderen Merkmalen zusammensetzt, wie sich diese Strukturen in der Vergangenheit entwickelten und wie sie langfristig vom Statistischen Bundesamt - derzeit bis zum Jahr 2060 - vorausgeschätzt werden. Hierbei werden Geburten und Sterbefälle ebenso saldiert wie Zuwanderungen und Abwanderungen.[5]

Im Ergebnis geht die letzte, dreizehnte Bevölkerungsvorausschätzung auf Basis 2013 davon aus, dass die Bevölkerung langfristig erheblich abnehmen wird, wobei eine Fülle von Einflüssen, je nach alternativen Annahmen, zu einem mehr oder weniger starken Rückgang führt.

In der gesamtgesellschaftlichen Debatte ergeben sich daraus viele Fragen, die sich im Wesentlichen um den Erhalt unseres leistungsfähigen Sozialversicherungssystems drehen.

Es sind jedoch nicht nur die gesamtgesellschaftlichen Themen zu betrachten, sondern auch - und durchaus damit zusammenhängend - die Fragen nach den konkreten Auswirkungen des großen Bevölkerungsschwunds auf den arbeiten-

---

[5] Fakten und Einschätzungen weitestgehend in Anlehnung an die Bundeszentrale für politische Bildung; https://www.bpb.de/politik/innenpolitik/arbeitsmarktpolitik/187836/demografischer-wandel

den Teil der Einwohner und den einzelnen Betrieb zu beantworten:

- Kann ein abnehmendes Potenzial an Erwerbspersonen aus inländischen Reserven und aus dem Ausland wenigstens teilweise ausgeglichen werden?

- Gelingt die Sicherung eines quantitativ und vor allem qualitativ ausreichenden Fachkräfteangebots für den einzelnen mittelständischen Betrieb?

- Oder behindern partielle Engpässe oder gar Mangellagen in wichtigen Branchen, ländlichen Regionen und weniger zahlungskräftigen Betrieben und Verwaltungen die wirtschaftliche Entwicklung und die öffentliche Daseinsvorsorge?

- Was können und sollten Betriebe und Verwaltungen tun, um Nachwuchsmangel und Überalterungen ihrer Belegschaften zu vermeiden?

- Reichen mehr und bessere Aus- und Weiterbildung, die berufliche Flexibilität der Arbeitsuchenden und die Konzessionsbereitschaft der Arbeitgeber, wenn freie Stellen länger oder ganz unbesetzt bleiben?

Noch immer werden die monatlichen Meldungen vom Arbeitsmarkt, so zum Beispiel im Januar 2018, als „überraschend robust" bezeichnet. Die „neuen Zahlen der Bundesagentur für Arbeit sind dennoch gut".[6] Sind sie das wirklich?

---

[6] http://www.handelsblatt.com/politik/deutschland/arbeitslosenzahl-arbeitsmarkt-im-januar-ueberraschend-robust/20910054.html, 08.03.2018, 09.20 Uhr.

Die geburtenstarken Jahrgänge der Fünfziger und Sechzigerjahre treten in den nächsten Jahren in den verdienten Ruhestand.

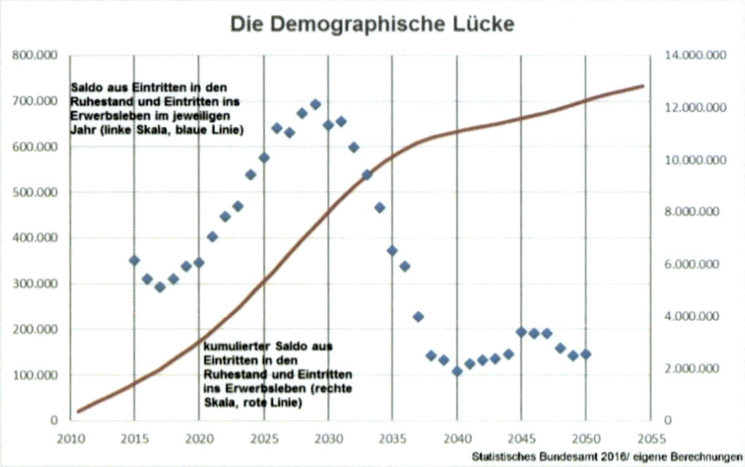

Abbildung 1: Die Bevölkerung im Erwerbsalter nimmt bis zum Jahr 2050 um rund 12 Mio. Menschen ab[7]

Dann wird der Anteil der Bevölkerung im erwerbsfähigen Alter von 20 bis unter 65 Jahren nämlich von fast 50 Millionen auf rund 38 Millionen im Jahr 2060 sinken.[8]

Man muss schon sehr kurzsichtig sein, um dem Arbeitsmarkt einen „guten" Zustand zu attestieren.

---

[7] Statistisches Bundesamt 2016/ eigene Berechnungen

[8] 13. koordinierte Bevölkerungsvorausberechnung, Statistisches Bundesamt, Wiesbaden 2015; S. 20 der Broschüre, die anlässlich der Pressekonferenz des Statistischen Bundesamtes am 28. April 2015 veröffentlicht wurde. https://www.destatis.de/DE/Publikationen/Thematisch/Bevoelkerung/VorausberechnungBevoelkerung/BevoelkerungDeutschland2060Presse5124204159004.pdf?__blob=publicationFile

Schlussfolgerungen für die Führungskultur

Die Digitalisierung und der demografische Wandel gelten zu Recht als zwei der großen Megatrends unserer Zeit. Dabei ist die Digitalisierung ein Trend, der Veränderungen in allen Lebensbereichen wie kein zweiter vorantreibt und beschleunigt.

Jetzt wissen wir sowohl aus der Arbeits- und Organisationspsychologie als auch aus der betrieblichen Praxis, dass Veränderungen - allemal in einer oft als feindselig empfundenen „VUCA-Welt" - untrennbar mit Widerständen verknüpft sind. Menschen gelten generell als eine Spezies, die ein gewisses Maß an Sicherheit durchaus zu schätzen weiß. Man denke nur an das böse Wort der „Komfortzone", in der sich Menschen gern einrichten und die sie nur ungern verlassen. Auch die Bemühungen von Berater- und Trainergenerationen, Mitarbeiter und Führungskräfte mit den Geheimnissen des Change-Managements vertraut zu machen, waren bereits in der Vergangenheit nicht immer von Erfolg gekrönt. Und jetzt wird es auch noch VUCA, also noch schneller, noch unsicherer, noch komplexer und noch mehrdeutiger.

Was fangen wir nun an mit diesen Erkenntnissen? Welche Konsequenzen für unser Handeln ziehen wir daraus?

Halten wir es mit den marktschreierischen Parolen wie bei den großen politischen Themen und deren Entwicklung? Grenzen dicht und Brexit? Degrowth und Wachstumswende oder „Entwachstum" im Sinne einer Reduktion des Wachstums von Konsum und Produktion?

Einzelne Wirtschaftsunternehmen können sich noch weniger von solchen Trends abkoppeln als Staaten das zuweilen glauben tun zu können. Die VUCA-Welt der Digitalisierung ist eine Realität, die nicht wegdiskutiert werden kann - so wenig wie der demografische Wandel.

Gerade mittelständische Unternehmen spüren das bereits heute ganz konkret im betrieblichen Alltag. Wieso dauert es so lange, bis die ausgeschriebene Stelle nachbesetzt werden kann? Was bedeutet es für die Führungskräfte und deren Arbeit, wenn sich die Markt- und Rahmenbedingungen immer schneller ändern? Wenn die Halbwertzeit von Wissen und Gewissheiten immer kürzer wird? Wird die Führungskraft zum Bottleneck der Steuerung und Verhinderer schneller Entscheidungen?

Wird die Führungskraft von der Entwicklung und den damit einhergehenden Tendenzen der demokratischen Führung (Soziokratie, Holacracy) einfach hinweggefegt?

Wie dem auch sei: der demografische Wandel in einer VUCA-Welt scheint nahezulegen, dass mit weniger Menschen mehr geleistet werden muss und das in einem komplexer werdenden Umfeld, das sich immer rascher verändert.

Eine Haltung, frei nach dem Motto: „Stell Dir vor, es ist Demografie (oder Digitalisierung), und keiner geht hin“ wird die Entwicklung weder aufhalten noch stellt sie einen angemessenen gestalterischen Umgang mit den anstehenden Veränderungen dar.

Was bedeutet dies für das Leadership, für die Führungskultur?

Von allein werden sich die Probleme wohl nicht lösen, wie Drucker dies schon frühzeitig erkannt hat: “Only three things happen naturally in organizations: friction, confusion, and underperformance. Everything else requires leadership."[9]

Drucker spricht interessanterweise nicht von „Leader“, sondern von „Leadership“. Leadership betont den funktionalen Aspekt der Führung. Leadership schließt die Führungskraft konzeptionell natürlich nicht aus, geht aber deutlich über die personelle Komponente hinaus. Führung als Konzept wird durch die angesprochenen Megatrends nicht obsolet werden, ebenso wenig nehmen die wesentlichen Aufgaben ab, die Führung zu erfüllen hat.

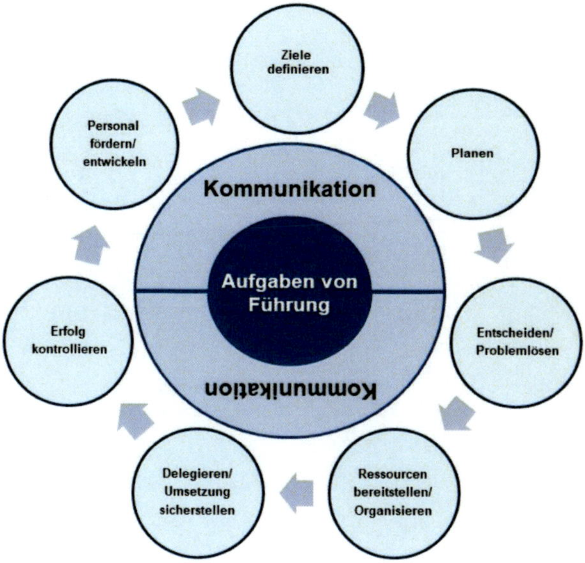

Abbildung 2: Aufgaben von Führung

[9] https://journal.accj.or.jp/peter-drucker-on-leadership/

Durchaus spannend ist indes die Frage, ob die Aufgaben von Führung auch in Zukunft von einzelnen Personen, den Führungskräften, wahrgenommen, oder ob bei flacher ausgeprägten Hierarchien bestimmte Führungsaufgaben von (teil-) autonomen Teams übernommen werden können.

Zwei Dinge scheinen mir jedoch gewiss: je volatiler die Umwelt, je größer die Ungewissheit über die künftigen Entwicklungen und je komplexer und mehrdeutiger die Zusammenhänge, desto weniger

- werden Unternehmen mit Einzelanweisungen top-down geführt werden können;

- können Unternehmen es sich leisten, an langsamen, mitunter starren Entscheidungswegen und -prozessen festzuhalten.

Positiv gewendet: Die (Eigen-)Verantwortung auf unteren Unternehmensebenen wird tendenziell steigen, um kurze Entscheidungswege und rasche Entscheidungen sicherzustellen. Nur so können die Unternehmen der Veränderungsgeschwindigkeit des Umfeldes angemessen Rechnung tragen.

Wenn diese Einschätzung richtig ist, dann stellt sich die Frage, wie es den Unternehmen gelingen kann, eine koordinierende Wirkung zu entfalten, um nicht im Chaos von einander widersprechenden Einzelentscheidungen („friction, confusion, and underperformance“, Peter F. Drucker, s.o.) zu versinken.

Ein Blick auf den militärischen Führungsprozess liefert wertvolle Anregungen, um auf die Frage, wie in einer VUCA-

Welt geführt werden kann, eine angemessene Antwort zu geben.

„Führen mit Auftrag" lautet der entsprechende Begriff aus der militärischen Führung, oft auch als Auftragstaktik bezeichnet. Bei dem Konzept handelt es sich aber nicht um eine Taktik an und für sich, sondern um eine *Methode der Führung*.

Sie beschreibt eine Art und Weise, Menschen zu führen: Der militärische Führer gibt den Soldaten das Ziel, meist noch den Zeitansatz und die benötigten Kräfte vor. Auf Basis dieser Rahmenbedingungen verfolgt und erreicht der Geführte das Ziel weitestgehend selbstständig. Dies bedeutet, dass der Ausführende in der Durchführung des Auftrages weitgehend frei ist. Das sichert eine große Flexibilität in der Auftragsdurchführung und trägt wesentlich zur Entlastung höherer Führungsebenen bei. (Baudissin, 1969)

Drei Erfolgsfaktoren sind bei der Auftragstaktik von entscheidender Bedeutung:

- Die unterstellten militärischen Führer bzw. Soldaten müssen die Absicht der übergeordneten Führung kennen.

- Die militärischen Führer und Soldaten müssen so ausgebildet sein, dass sie hieraus für sich im Rahmen der Auswertung des Auftrages das eigene Handeln im Sinne der Absicht der übergeordneten Führung ableiten können. Daher benötigen nachgeordnete Führungskräfte eigene Urteils- und Entschlusskraft; sie müssen willens und in der Lage sein, selbstständig und eigenverantwortlich zu handeln. Dabei kommt es vor allem darauf an, die in einem größeren Kontext stehende Absicht dieses einzelnen

Auftrags zu vermitteln und die wesentliche eigene Leistung, also den eigenen Zielbeitrag, herauszustellen.

- Der Beauftragte informiert den militärischen Führer über seine Absichten, die Durchführung und Fortschritte, und gibt diesem damit die Gelegenheit, abstimmende und korrigierende Maßnahmen im Sinne seiner Absicht zu ergreifen. (Habenicht, 2012)

Die normative Ebene der Unternehmensführung

„Wer eine Vision hat, der sollte zum Arzt gehen." Betrachten wir dieses Zitat von Helmut Schmidt als das, was er selbst dazu erklärt hat, als „eine pampige Antwort auf eine dusselige Frage."[10]

Die Absicht der „übergeordneten Führung" wird als Orientierungsrahmen in einer VUCA-Welt wichtiger denn je.

Es kann heute als herrschende Meinung gelten, dass die normative Ebene der Unternehmensführung, namentlich

- die Mission,
- die Vision und vor allem
- die Werte

betreffend, diesen Orientierungsrahmen in Unternehmen geben kann, ja in Zukunft wird geben müssen. Diese Normen spielen eine herausragende Rolle bei der Gestaltung einer Führungskultur, die rasche Entscheidungen und ein hohes Maß an Eigenverantwortung erst ermöglicht.

Die nachfolgende Übersicht skizziert in groben Zügen Lösungsansätze für die einzelnen VUCA-Dimensionen, die in der mittleren Spalte der Tabelle beschrieben sind.

---

[10] http://www.zeit.de/2010/10/Fragen-an-Helmut-Schmidt/seite-4

Dimension	Kurzbeschreibung	Lösungsansätze
Volatilität	Schnelle, nur schwer vorhersehbare Veränderungen der Rahmenbedingungen trotz scheinbar guter Informationslage.	Agilität von Teams, Personen und Prozessen erhöhen. Schnelle Reaktionen/ Änderungen durch kurze Anpassungszyklen ermöglichen.
Unsicherheit	Hohe Unsicherheit bezüglich der Auswirkungen des eigenen Handelns; Angabe von Wahrscheinlichkeiten nicht oder kaum möglich.	Informationen aus verschieden Quellen analysieren (Big Data). Frühes Handeln in kleinen, reversiblen oder korrigierbaren Schritten. Kurze Feedbackschleifen einführen, lernen, anpassen.
Komplexität	Netzwerk der systemischen Beziehungen nicht vollständig erfassbar, vor allem nicht deterministisch steuerbar.	Beziehungen innerhalb des Systems und zur Außenwelt nur iterativ verändern. Auswirkungen analysieren, kurze Feedbackschleifen einführen, lernen, anpassen.
Mehrdeutigkeit	(Scheinbare) Widersprüchlichkeit von Informationen und Wahrnehmungen. Widersprüche werden im Entscheidungszeitpunkt als nicht auflösbar wahrgenommen.	Kluge, plausible Handlungen vornehmen, um herauszufinden, ob die Handlungsstrategie in solchen Dilemma-Situationen zu hinreichenden Lösungen führt. Kurze Feedbackschleifen einführen, lernen, anpassen.

Tabelle 2: Lösungsansätze für das Führen in einer VUCA-Welt

An dieser Stelle soll ein erster Hinweis auf Werte als Orientierungshilfen in diesem Sinne genügen:

„Wenn aber die langfristigen Vorteile einer werteorientierten Unternehmensführung so offensichtlich sind, ist die Frage berechtigt, warum sich so viele Führungskräfte und Unternehmen derart schwer damit tun, werteorientiert zu führen. Meines Erachtens liegt ein gewichtiger Grund darin, dass für eine werteorientierte Unternehmensführung immer zwei wesentliche Voraussetzungen gegeben sein müssen. Es ist einerseits die Notwendigkeit einer langfristigen Definition der angestrebten Werte; denn Werte, die einer dauernden Veränderung unterworfen sind, werden nicht mehr als Werte erkannt. Andererseits sind es die Bereitschaft, die Fähigkeit und vor allem der Wille - wenn nicht gar die „Besessenheit" - , diese Werte auch wirklich zu leben, insbesondere als Führungskraft täglich vorzuleben, und dies nicht nur in guten Zeiten, sondern eben auch in schwierigen.' (Hilti, 2007)

Die Unternehmen tun also gut daran, die für sie jeweils passenden Werte zu formulieren und zu leben.

Statements zu Missionen und Visionen sind also weder leere Worthülsen, noch sind sie hinreichende Gründe dafür, Ärzte zu konsultieren.[11] Sie geben vielmehr Orientierungen und weisen Richtungen, um die von Drucker befürchteten Friktionen, Konfusionen und Minderleistungen zu vermeiden. Orientierung und Richtungsangabe sind in einer VUCA-Welt unerlässlich.

Die normative Ebene der Unternehmensführung stellt den nachgeordneten Ebenen einer Hierarchie die „Leitplanken" für

---

[11] Schmidt, H. „Wer Visionen hat, sollte zum Arzt gehen." (Im „Spiegel" über Willy Brandts Visionen im Bundestagswahlkampf, 1980)

Arbeitsgruppen und für jeden einzelnen Mitarbeiter zur Verfügung, um in (Teil-)Autonomie und in Selbstverantwortung die notwendigen Entscheidungen treffen zu können, damit die Unternehmensziele erreicht werden.

Unternehmensstrategie

Natürlich ist auch die Strategie im engeren Sinne als Teil der Unternehmensführung erfolgskritisch. Die Planungs- und Anpassungszyklen werden aber kürzer sein, als dies in der Vergangenheit der Fall war. Die Identifikation relevanter Umweltfaktoren, deren klare Zuweisung als Analysefelder an Mitglieder des Führungsteams sowie die Implementierung von „Frühwarnsystemen" zur Erkennung schwacher Signale werden an Bedeutung gewinnen.

Traditionelle Organisationsformen und Führungsstrukturen (Linienorganisation, Stablinienorganisation, Funktionale Organisation, Divisionale Organisation, Matrixorganisation, Holdingorganisation u.ä.) mit ihren spezifischen Merkmalen und Prozessen (Stellenbeschreibungen, Arbeitsanweisungen u.ä.) werden - so die überwiegende Meinung - den aktuellen Erfordernissen einer VUCA-Welt nicht mehr gerecht. Sie gelten mittlerweile als zu langsam und schwerfällig.

Der Weg scheint hin zu flexiblen Strukturen zu führen: Netzwerkorganisation, modulare oder virtuelle Organisationsformen seien hier als Stichworte genannt, aber auch jüngste Formen der Soziokratie in unterschiedlichen Varianten. Soziokratie bezeichnet eine Organisationsform, mit der Unternehmen, aber auch andere Organisationen verschiedener Größe, die Selbstorganisation und Autonomie konsequent umsetzen können (Laloux, 2015) (Robertson, 2015).

In der mir bekannten Literatur zum Thema Soziokratie zieht sich das Prinzip der Autonomie wie ein roter Faden durch alle Konzepte. Diese in Theorie und Praxis auswertend, habe ich die folgenden gemeinsamen Prinzipien herausgearbeitet:

- Autonomie und Selbstbestimmung
- Selbstorganisation und Eigenverantwortung der Mitarbeiter und Teams
- Entscheidungsfindung durch Konsen**t**-Bildung
- Gleichwertigkeit aller Beteiligten, partnerschaftlicher Umgang
- Empowerment und Wachstum
- Offenheit und Transparenz
- Pragmatismus und Produktivität (Effektivität und Effizienz)
- Fairness, gerechter Ausgleich im Geben und Nehmen.

In allen Ansätzen geht es - nicht zuletzt durch die Realisierung von Autonomie und Eigenverantwortung - darum, Entscheidungen rasch und möglichst nahe am Kunden zu treffen. Führungskräfte dürfen und sollen nicht mehr der Flaschenhals der Entscheidungsprozesse sein. Dies gilt insbesondere für kleinere mittelständische Unternehmen, die oftmals auf ihren Inhaber - den „Macher“ - zugeschnitten sind.

Führungskultur im engeren Sinne

Führungskultur ist Teil der Unternehmens- oder Betriebskultur und umfasst die Gesamtheit der dominierenden Verhaltensmuster - also die Frage dem Modus: **Wie** wird im jeweiligen Unternehmen bzw. in einer Abteilung geführt?

Unternehmen benötigen Führungskräfte, die in einer VUCA-Welt Zuversicht ausstrahlen und optimistisch in die Zukunft schauen. Führungskräfte also, die bei Veränderungen zuerst die Chancen wahrnehmen und erst dann die Risiken. Dies bedingt eine Grundhaltung, die Veränderungen nicht als Übel betrachtet, das es zu vermeiden gilt.

Eine in diesem Sinne positive Grundhaltung begrüßt Veränderungen, weil die darin enthaltenen Gestaltungsmöglichkeiten ein enormes Motivierungspotenzial sowohl für die Führungskraft selbst als auch für veränderungsbereite Mitarbeiter bereitstellt.

In diesem Zusammenhang wird eine Fähigkeit an Bedeutung gewinnen, und das nicht nur für Führungskräfte: Resilienz, als eine besondere psychische Widerstandskraft von Menschen, gegen erfahrene und bevorstehende Krisen Widerstandkräfte zu mobilisieren. Resilienz wird zunehmend eine wichtige Rolle spielen, wenn es um die elementare Führungsaufgabe geht, Entscheidungen zu treffen.

Entscheidungen werden von jeher als durchaus „ungemütlich" empfunden. Auch in der Vergangenheit wurden Entscheidungen unter Bedingungen der **Ungewissheit** getroffen. Den Handlungsfolgen konnten jedoch aufgrund von Erfahrungswerten aus der Vergangenheit oftmals gewisse Eintrittswahrscheinlichkeiten zugeordnet werden. Das

Management dieser Risiken wurde mit Inkraftsetzung des *Gesetzes zur Kontrolle und Transparenz im Unternehmensbereich* (KonTraG) zum 01. Mai 1998 für bestimmte Kapitalgesellschaften sogar verpflichtend vorgeschrieben. Kern des *KonTraG* ist eine Vorschrift, die Unternehmensleitungen dazu zwingt, ein unternehmensweites Früherkennungssystem für Risiken (Risiko-Früherkennungssystem) einzuführen und zu betreiben, sowie Aussagen zu Risiken und zur Risikostruktur des Unternehmens im Lagebericht des Jahresabschlusses der Gesellschaft zu veröffentlichen.

Die Grundsätze der sogenannten Risikomanagement-Systeme wurden als Führungsaufgabe nach ISO 31000: 2018 normiert und sind bei vielen Unternehmen als Teil des Prozesses zur Strategieentwicklung implementiert.

Eine komplexe VUCA-Welt ist aber gerade nicht berechen- und somit vorhersehbar. Unter den Rahmenbedingungen einer VUCA-Welt kann den Handlungsfolgen von zu treffenden Entscheidungen keine Eintrittswahrscheinlichkeit zugeordnet werden. Es handelt sich daher um Entscheidungen unter **Ungewissheit**.

Diese Art von Entscheidungssituationen wirken noch belastender als dies bei Entscheidungen in der Vergangenheit der Fall war. Effectuation (Sarasvathy, 2009) als eine eigenständige Entscheidungslogik, die von erfahrenen Entrepreneuren in Situationen der Ungewissheit eingesetzt wird, kann wertvolle Hilfe leisten. (Faschingbauer, 2013)

Grundsätzlich sind dieselben Einstellungen, Eigenschaften und Fertigkeiten, wie sie oben für Führungskräfte dargestellt wurden, auch für Mitarbeiter hilfreich. Offenheit für Neues und eine sehr hohe Lernbereitschaft zur Erhaltung der Beschäftigungsfähigkeit werden ein absolutes Muss. Berufliche Karrieren werden nicht frei von Brüchen und Neuorientierungen bleiben. Hinzu kommt ein höheres Maß an Eigenverantwortung, das den Mitarbeitern abverlangt werden wird.

Die Weiterbildungsangebote in den mittelständischen Betrieben sollten daher einen deutlich schärferen Fokus auf persönlichkeitsentwickelnde Konzepte setzen, als dies heute der Fall ist.

Agilität - nicht einfach dem Hype hinterherlaufen

Das Konzept der Agilität als Führungs- und Organisationsprinzip ist nicht neu. Gerade erlebt das Thema im Management jedoch einen regelrechten Hype. Ein Blick auf die Geschichte des Konzepts ab etwa 1950 lässt uns drei Phasen seiner Ausarbeitung unterscheiden:

1. Phase: In den Fünfzigerjahren wurde das Konzept der Agilität in der Systemtheorie von Organisationen. Dabei kann stellvertretend auf den amerikanischen Soziologen Talcott Parsons verwiesen werden, der vier Funktionen identifiziert hat, die jedes System erfüllen muss, um seine Existenz zu erhalten.

Adaptation beschreibt die Fähigkeit eines Systems, auf die sich verändernden äußeren Bedingungen zu reagieren;

Goal Attainment bezeichnet die Fähigkeit, Ziele zu definieren und zu verfolgen;

Integration steht dafür, Zusammenhalt und Inklusion (Einschluss) des Systems herzustellen und abzusichern;

Latency bezeichnet die Fähigkeit, bewährte Strukturen und Wertmuster aufrechtzuerhalten.

Aus den Anfangsbuchstaben dieser vier Funktionen ergibt sich das bekannte AGIL-Schema.

2. Phase: In den Neunzigerjahren tauchte das Konzept in veränderter Form als „*agile manufacturing*“ wieder auf. Im Fokus standen hier die schnelle Produktentwicklung (*simultaneous engineering*), multifunktional organisierte Teams und eine ständige Optimierung der Produktions-

abläufe während des Prozesses. Durch die aktuellen Diskussionen um die „Industrie 4.0“ erfährt die agile Produktion eine weitere und substanziellere Befassung mit dem Thema.

3. Phase: Schließlich findet sich Agilität seit Beginn des 21. Jahrhunderts unter der Überschrift der *agilen Softwareentwicklung* und verstärkt durch Methoden wie „Scrum“ (vgl. (Takeuchi & Nonaka, 1986)) als Prinzip der Projektabwicklung wieder. Basis dieser Methodik ist das sogenannte „*Manifesto for Agile Software Development*“[12]. Es gibt eine Handlungsorientierung an die Hand, die beschreibt, nach welchen Prinzipien die Entwicklung von Software gestaltet sein sollte, damit sie als agil gelten kann und die damit postulierten Vorteile tatsächlich zum Tragen kommen.

[12] http://agilemanifesto.org/iso/de/principles.html, 08.03.2018, 10.00 Uhr

Zusammenfassung

Wie in den meisten Lebensbereichen ist auch bei unserem Thema „Führungskultur“ alles im Fluss. Ob all die Ideen und Theorien aufgehen und erfolgreich sein werden, wird sich erst in der Zukunft zeigen.

Dies wird sich allerdings an den althergebrachten Erfolgsmaßstäben zeigen müssen. "Am Ende kann ich den Erfolg unserer neuen Führungskultur nur am Produkterfolg messen", sagte der Daimler-Personalvorstand Wilfried Porth bei einem Interview zum Projekt *Leadership 2020* bei Daimler.

"Ziel ist immer: Ein besseres Produkt für unsere Kunden und das schneller als der Wettbewerb." [13]

Allerdings wird angesichts des demografischen Wandels der Wettbewerb um hoch qualifizierte Mitarbeiter in Zukunft noch härter werden. Verschärfend hinzu tritt der Trend der Urbanisierung oder negativ formuliert: die Landflucht. Dies macht vielen Mittelständlern abseits der Ballungszentren bereits heute das Leben zusätzlich schwer.

Die Führungskultur bietet jedoch gerade für mittelständische Unternehmen eine ausgezeichnete Möglichkeit, sich im Kampf um gute Mitarbeiter zu positionieren. Wie formulierte Hilti so prägnant:

„Wenn bei einem über Jahre hinweg kontinuierlich erfolgreichen Geschäftsgang bei den regelmäßigen Mitarbeiterbefragungen über 92 % ihre Bereitschaft ausdrücken, sich persönlich voll einzusetzen, um das Unternehmen Hilti

[13] http://www.horizont.net/marketing/nachrichten/Leadership-2020-Wie-Daimler-den-Kulturwandel-anstoesst-143745, 08.03.2018 10.30 Uhr

erfolgreich zu machen, und nicht weniger als 85% ihren Stolz zum Ausdruck bringen, beim und für das Unternehmen Hilti zu arbeiten, dann sind das klare und eindeutige Signale, dass werteorientierte Unternehmensführung nicht irgendeine philanthropische, schöngeistige Managementübung ist, sondern eine ganz entscheidende Managementfähigkeit und Kompetenz, die zu wesentlichen unternehmerischen Erfolgsfaktoren wird:

- im dauernden Streben nach einer Spitzenstellung und somit im ständigen Kampf gegen Mittelmäßigkeit

- zur nachhaltigen Differenzierung im globalen Wettbewerb, denn gelebte Werte und Unternehmenskulturen lassen sich nicht kopieren

- im weltweiten Kampf um die besten Talente, in der Steigerung der Attraktivität als Arbeitgeber.“ (Hilti, 2007)

Die Führungsaufgabe bleibt also, was sie immer war: eine spannende Herausforderung, die eines hohen Maßes an Verantwortung und persönlicher Integrität bedarf.

Das hier vorliegende Buch soll einen Beitrag dazu leisten, diese Herausforderung wirkungsvoll anzunehmen.

Kapitel 1 - Sieben Grundsätze wirksamer Führung

„Die fundamentale Aufgabe des Managements bleibt dabei stets dieselbe: Mitarbeiter in die Lage zu versetzen, durch gemeinsame Ziele, gemeinsame Werte, die richtige Struktur und die richtige Anleitung in der Bewältigung von Veränderungen gemeinsam Leistung zu erbringen.“ (Drucker, 2009)

Effektive Führung ist gute Führung, sie zählt zu den wichtigsten Erfolgsfaktoren in Unternehmen. Die Frage ist nur: Wann ist Führung effektiv? Effektivität - von lateinisch *effectivus*, „bewirkend“ - ist ein Maß für Wirksamkeit. Es beschreibt das Verhältnis von erreichtem Ziel zu definiertem Ziel. Wirksame Führung ist demnach ohne Ziele nicht denkbar; sie sind der Wesenskern von (effektiver) Führung.

Führung weist positive Zusammenhänge auf mit der Produktivität, Profitabilität und Überlebensrate von Unternehmen (Bloom & Van Rennen, 2007). So wundert es auch nicht, dass in einer Ergebniszusammenfassung der Führungsliteratur von 25 Jahren Führungsforschung mit über 1100 Primärstudien materielle Ergebnisse wie z.B. Produktionsraten, Verkaufszahlen, Umsatz, Erfolg im Wettbewerb etc. als zentrale Erfolgskriterien identifiziert wurden. (Hiller, DeChurch, Murase, & Doty, 2011)

Bleibt noch die sich daran anschließende Schlüsselfrage, wie diese Erfolgsindikatoren erreicht werden können. Wie können unmittelbare persönliche Führung (Mitarbeiterführung) und die Führung von Unternehmen durch Strukturen, Systeme und Prozesse (Unternehmensführung) gestaltet werden, um die Erfolgsindikatoren im bestmöglichen bzw. im angestrebten Ausmaß zu erreichen?

Wenn Führung in einer VUCA-Welt neu gedacht werden muss, dann bedeutet das natürlich in keinem Fall, dass man alles Bekannte und Vorhandene über Bord werfen soll. Das wäre aus meiner Sicht eine vermessene und anmaßende Forderung. Wenn es jedoch richtig ist, dass sich die Rahmenbedingungen grundlegend geändert haben, bzw. infolge der Megatrends dabei sind, dies zu tun, dann ist es zwingend erforderlich, dass Unternehmen ihre Strukturen und Vorgehensweisen kritisch hinterfragen.

Ich gehe daher in diesem ersten Kapitel auf sieben Grundsätze ein, die meines Erachtens wirksame Führung prägen und eine gewisse Gültigkeit haben, sodass sie über den Tag und diverse Trends hinausreichen. Ich stütze mich dabei auf meine umfangreichen und langjährigen Erfahrungen in der Einführung und Umsetzung von TQM-Systemen, sowohl nach dem amerikanischen *Malcolm Baldrige National Quality Award* als auch nach dem daraus abgeleiteten *EFQM-Modell für Excellence* (European Foundation for Quality Management).

Mir war bei der Beschäftigung mit der TQM-Thematik das Buch *TQM umsetzen - Der Weg zur Business Excellence* von Christian Malorny eine schier unerschöpfliche Quelle von Anregungen. (Malorny, 1998)

Wenn ich an dieser Stelle darauf hinweise, dann hat das seinen Grund darin, dass in diesem Standardwerk sehr detailliert auf die umfangreichen Forschungen und Erkenntnisse eingegangen wird, die zu den nachfolgenden

Grundsätzen geführt haben, insbesondere jedoch zu der gesamten Systematik eines Managementsystems.

Es bildet gleichsam auch eine wesentliche Grundlage für den zweiten Teil des Buches, das *Führungshandbuch*, welches der praktischen Umsetzung wirksamer Unternehmensführung im Mittelstand gewidmet ist und den Kern dieses Buches bildet.

Dies vorangestellt, möchte ich die sieben Grundsätze wirksamer Unternehmensführung vorstellen und erläutern:

- Mehrwert für Kunden
- Ergebnisse erzielen
- Auswahl und Fokussierung
- Verantwortung: entschlossen führen und handeln
- Zuversicht: Veränderungen gestalten
- Vertrauen: Partizipation und Lernen
- Erfolg durch qualifizierte und engagierte Mitarbeiter

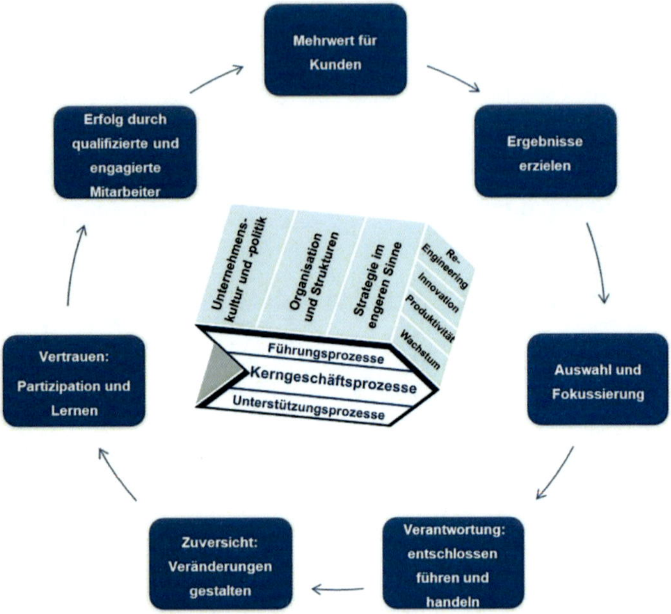

Abbildung 3: Sieben Grundsätze wirksamer Führung. Der Kern im Zentrum der Abbildung stellt das agile Prozessmodell der Unternehmensführung dar, welches in Kapitel 2 eingehend erläutert wird.

Die ersten beiden Grundsätze, „Mehrwert für Kunden“ und „Ergebnisse erzielen“, beziehen sich auf das **WAS**, also auf das, was den Kern von Unternehmen ausmacht. Es ist im Sinne des Eingangszitats von Peter Drucker die Leistungserbringung.

Die anderen fünf Grundsätze beziehen sich auf das **WIE**.

- Wie werden Mitarbeiter in die Lage versetzt, Leistung zu erbringen?
- Wie kommt das Unternehmen zu gemeinsamen Zielen und wie setzt es diese um?
- Wie werden die gemeinsamen Werte definiert und wie stellt das Unternehmen sicher, dass diese gelebt werden?
- Wie wird die richtige Struktur bestimmt und wie wird sie eingenommen?
- Wie werden Prozesse definiert und ständig angepasst (richtige Anleitung in der Bewältigung von Veränderungen)?

Diese Grundsätze repräsentieren als Erfahrungswissen durchaus stabile Grundüberzeugungen. Sie stellen jedoch keine absoluten Wahrheiten dar, sondern sind von Zeit zu Zeit kritisch zu hinterfragen und gegebenenfalls anzupassen. Darauf wird noch einzugehen sein.

Mehrwert für Kunden

Hervorragend geführte Unternehmen schaffen konsequent Mehrwert für ihre Kunden.

Sie haben eine klare Vorstellung davon, wer ihre bestehenden und potenziellen Kundengruppen sind. Die Kundengruppen sind sinnvoll und angemessen segmentiert.

Sie analysieren die aktuellen Bedürfnisse und Erwartungen der Kunden und transferieren die Ergebnisse der Analyse in definierte Nutzenversprechen. Hervorragend geführte Unternehmen erfüllen diese Nutzenversprechen auf einem hohen Qualitätsniveau.

Sie antizipieren darüber hinaus die potenziellen Bedürfnisse der bestehenden Kundengruppen und nutzen die sich daraus ergebenden Chancen. Sie streben dabei nach Innovationen, die den Kunden einen Zusatznutzen bieten und auf diese Weise dem eigenen Unternehmen Alleinstellungsmerkmale beim Kunden verschaffen.

Hervorragend geführte Unternehmen binden Kunden regelmäßig in die Entwicklung von neuen und innovativen Produkten und Dienstleistungen ein. Dabei gestalten sie auf Dauer angelegte Kundenbeziehungen, die auf Vertrauen, Offenheit und Transparenz basieren.

Dazu gehört, dass sie die Qualität der Kundenbeziehungen verfolgen und regelmäßig überprüfen, indem sie laufend die Wahrnehmungen und Erfahrungen ihrer Kunden mit dem Unternehmen erfassen und angemessen auf Rückmeldungen aller Art reagieren. Das gilt auch hinsichtlich der Nutzung neuer Medien.

Hervorragend geführte Unternehmen vergleichen die eigene Leistung mit relevanten besten bzw. guten Unternehmen (Benchmarking) und lernen von deren Stärken und Aktivitäten, um die eigene Wertschöpfung zu verbessern und den Kundennutzen zu erhöhen.

Die dargestellten Grundannahmen gelten für potenzielle Kunden gleichermaßen.

Ergebnisse erzielen

Der Prüfstein für die Qualität der Unternehmensführung sind letztendlich die Ergebnisse des Unternehmens.

Nicht das Wissen und Können, sondern ein positives Ergebnis als Folge koordinierter Handlungen ist notwendigerweise sowohl das Ziel als auch der Beweis guter Unternehmensführung. Hervorragend geführte Unternehmen erzielen im Vergleich zu Mitbewerbern in ihrer Branche dauerhaft herausragende Ergebnisse.

Wenn an dieser Stelle von Ergebnissen die Rede ist, dann sind selbstverständlich auch die wirtschaftlichen Ergebnisse gemeint - aber nicht ausschließlich im Sinne einer einseitigen Shareholder-Value-Orientierung. Die Ergebnisse beziehen sich auf die Adressierung der kurz- und langfristigen Bedürfnisse aller Interessengruppen gleichermaßen. Auch das Ausbalancieren der oftmals in Konflikt zueinander stehenden Unternehmensziele ist Ausweis einer guten Unternehmensführung. Nicht von ungefähr ist in diesem Zusammenhang seit den Neunzigerjahren von der Balanced Scorecard (BSC) die Rede (Kaplan & Norton, 1992).

Hierzu erfassen hervorragend geführte Unternehmen die Bedürfnisse und Erwartungen aller Interessengruppen als Input für die Entwicklung und Überprüfung ihrer Strategie. Sie implementieren die Strategie ferner über die nachgeordneten Führungsprozesse (z.B. die Budgetierung). Sie bleiben auf diese Weise offen für Veränderungen und erhalten somit die Fähigkeit, agil auf Veränderungen zu reagieren.

Auf dieser Basis definieren die Unternehmen relevante Erfolgsindikatoren sowie Leistungskennzahlen für die Prozessqualität. Sie nutzen diese Kennzahlen, um den Leistungsstandard und den Fortschritt des Unternehmens zu analysieren und zu überprüfen. Erfolgsindikatoren und Leistungskennzahlen ermöglichen ferner das Priorisieren von Aktivitäten und das Management der unterschiedlichen Erwartungen der wesentlichen Interessengruppen sowie der daraus resultierenden Zielkonflikte.

Die Schlüsselerfolgsindikatoren des Unternehmens, die für die Verwirklichung der Mission relevant sind und die den Fortschritt des Unternehmens in Richtung der Vision und der strategischen Ziele anzeigen, sind von ausschlaggebender Bedeutung für die Erfolgsmessung und für den Prozess zur Strategieentwicklung.

Hervorragend geführte Unternehmen kennen ihre Kernkompetenzen und setzen sich herausfordernde Ziele. Diese basieren mindestens auf den Ergebnissen der Analyse der Unternehmensleistungen im Zeitablauf. Idealerweise orientieren sie sich im Rahmen von Benchmarkingaktivitäten zusätzlich am Vergleich der eigenen Leistung mit der Leistung anderer anerkannt hervorragender Unternehmen.

Sie setzen die Mission, die vereinbarten Werte und die Unternehmensstrategie systematisch um und erreichen die angestrebten Unternehmensziele.

Auf diese Weise erzielen hervorragend geführte Unternehmen ein hohes Maß an Vertrauen bei allen Interessengruppen. Sie stellen die Transparenz des Berichtswesens für die relevanten Interessengruppen inklusive der Kontrollorgane des Unternehmens sicher.

Auswahl und Fokussierung

Hervorragend geführte Unternehmen gestalten die Zukunft und üben einen positiven Einfluss auf ihr Umfeld aus. Sie steigern ihre Leistung und verbessern gleichzeitig die ökonomischen, ökologischen und sozialen Bedingungen der Gesellschafts- und Interessengruppen, mit denen sie in Kontakt stehen.

Sie etablieren gemeinsame Werte und Verantwortlichkeiten sowie eine Kultur des Vertrauens und der Offenheit hinsichtlich aller Interessengruppen und entlang der gesamten Wertschöpfungskette. Sie arbeiten mit ausgesuchten Partnern zusammen, um gegenseitigen Nutzen und Wertsteigerungen für die Interessengruppen zu schaffen. Dabei unterstützen sie sich gegenseitig durch den Austausch von Erfahrungen und Ressourcen. Hierzu gehört auch die Etablierung geeigneter Netzwerke zum Erkennen möglicher Partnerschaften, um die Kernkompetenzen des Unternehmens zu entwickeln und zusätzlichen Nutzen für die Interessengruppen zu stiften.

Entlang ihrer Wertschöpfungskette etablieren sie eine Unternehmenskultur, die darauf abzielt, die Agilität und die Produktivität (Effektivität und Effizienz) der Zusammenarbeit in Teams ständig zu verbessern.

Hervorragend geführte Unternehmen analysieren im Rahmen ihres Managementsystems systematisch die Erfolgsindikatoren sowie Leistungstrends der Unternehmensprozesse. Sie verschaffen sich auf diese Weise ein tiefgründiges Verständnis der aktuellen Fähigkeiten und Kernkompetenzen sowie der künftigen Erfolgspotenziale. Sie bewerten und analysieren die erzielten Ergebnisse (SWOT-Analyse), um die Leistungen in der Zukunft weiter zu verbessern und nachhaltigen Nutzen für alle Interessengruppen zu stiften.

Sie identifizieren - abgeleitet aus der SWOT-Analyse - den Handlungsbedarf und entwickeln daraus die strategischen Optionen, die geeignet sind, das Erreichen der strategischen Ziele sicherzustellen. Sie treffen klare Entscheidungen und fokussieren auf wenige strategische Aktionspläne, um die Ressourcen wirkungsvoll zu bündeln und sich nicht zu verzetteln. Auf diese Weise entwickeln sie ihre Kernkompetenzen ständig weiter.

Dabei zeichnen sie sich durch ein effektives und agiles Management von Veränderungen aus, die intern und extern auf das Unternehmens und seine Prozesse einwirken.

Verantwortung: entschlossen führen und handeln

Hervorragend geführte Unternehmen und alle Mitarbeiter nehmen Verantwortung wahr. Verantwortung verstehe ich in diesem Kontext als Einstehen für das eigene Handeln - was das „Nicht-Handeln" als Entscheidungsoption einschließt - und für die Handlungsfolgen, also die Auswirkung des eigenen Handelns auf andere Personen bzw. auf die Interessengruppen des Unternehmens, die sogenannten Stakeholder.

Verantwortung ergibt sich aufgrund eines normativen Anspruchs, der durch die Interessengruppen - zum Teil explizit - formuliert und eingefordert, zumindest aber erwartet werden kann.

Diese der Verantwortung zugrundeliegenden Normen können einen rechtlichen Ursprung haben. Beispielsweise erfüllt die Einhaltung von Vorschriften des Umweltrechts die Ansprüche der allgemeinen Öffentlichkeit auf eine gesunde Umwelt.

Die Verantwortung kann aber auch auf selbst gewählten normativen Ansprüchen beruhen. In diesem Zusammenhang sind es insbesondere die Werte, denen sich ein Unternehmen verpflichtet fühlt.

In unserem Kontext sind dies beispielsweise - aber nicht ausschließlich - die Werte, die den Umgang der Mitarbeiter untereinander in einem Unternehmen prägen. Oft sind sie in einem Unternehmensleitbild oder in Führungsgrundsätzen formuliert.

Auch in diesem Fall ist der Anspruch auf Normeneinhaltung gebunden an die Wirkungen auf andere Personen oder

Institutionen. Denn nur unter Einbeziehung des Umfelds ergibt der Begriff der Verantwortung einen Sinn. In jedem Fall setzt die Zuschreibung von Verantwortung die Annahme einer Handlungsfreiheit und eines wirksamen Einflusses des Handelnden auf das Handlungsergebnis voraus.

Vor diesem Hintergrund formulieren hervorragend geführte Unternehmen eine klare Unternehmensausrichtung sowie einen strategischen Fokus und kommunizieren beides in geeigneter Weise gegenüber den relevanten Interessengruppen.

Sie verfügen über eine überzeugende Unternehmensmission und eine inspirierende Unternehmensvision. Aus diesen beiden Elementen heraus definieren sie eine klare Unternehmensstrategie, die sie konsequent umsetzen. Die Strategie berücksichtigt und adressiert die berechtigten Anliegen aller Interessengruppen. Der unternehmerischen Verantwortung werden diese Unternehmen durch hohe Leistung und durch transparente Kommunikation gerecht.

Die Führungskräfte solcher Unternehmen gestalten in diesem Sinne aktiv die Zukunft und erzielen hervorragende Ergebnisse. Sie treten für die Werte des Unternehmens ein, sind Vorbilder in Bezug auf Integrität, soziale Verantwortung und in Bezug auf die Einhaltung der vereinbarten Werte. Dies gilt sowohl innerhalb als auch außerhalb des Unternehmens. Sie stellen nicht zuletzt auf diese Art und Weise ein den Werten des Unternehmens angemessenes Verhalten und die Integrität ihrer Mitarbeiter sicher.

Die Führungskräfte koordinieren die Aktivitäten ihrer Mitarbeiter so, dass diese den Zweck und die Ziele des Unternehmens unterstützen und verwirklichen. Sie inspirieren ihre Mitarbeiter insbesondere durch ihr Verhalten und schaffen dadurch eine Kultur der Leistungsbereitschaft, der Partizipation, der Ermächtigung, der kontinuierlichen Verbesserung und der Verantwortlichkeit.

Dazu gehört auch, dass neue Ideen und Denkweisen gefördert werden, um Innovationen und die Unternehmensentwicklung zu unterstützen. Hinter dieser Grundhaltung steckt das Verständnis, dass nachhaltige Wettbewerbsvorteile des Unternehmens von der Fähigkeit abhängen, als Organisation schnell zu lernen, agil und entschlossen auf Veränderungen zu reagieren sowie letztendlich konsequent zu handeln.

Hierzu gehört, dass die Führungskräfte hervorragend geführter Unternehmen fundiert und zeitgerecht entscheiden. Sie nutzen verfügbare Informationen sowie die im Unternehmen vorhandenen Ressourcen an Wissen und Erfahrungen angemessen. Sie berücksichtigen dabei ferner die möglichen Auswirkungen ihrer Entscheidungen auf relevante Interessengruppen und auf die Unternehmensziele.

Zuversicht: Veränderungen gestalten

Zuversicht, also positives Denken und Optimismus, bedeutet im Kern, einen guten Ausgang der Dinge zu erwarten. Ein optimistischer Blickwinkel äußert sich individuell oft in hohen Selbstwirksamkeitserwartungen und in der Überzeugung, die Dinge in einem hohen Maß unter Kontrolle zu haben.

Zuversicht heißt natürlich in keinem Fall, dass es damit allein bereits getan ist. Aber wenn es einer Führungskraft darum geht, Mitarbeiter für eine Sache, ein Unternehmensziel zu gewinnen, dann ist es mehr als hilfreich, wenn die Führungskraft selbst vom Erfolg überzeugt ist. So gibt es eine hinreichende Zahl von Anhaltspunkten dafür, dass Optimismus das Denken, Fühlen und Handeln positiv zu beeinflussen vermag. (Jumpertz, 2011)

Wie bereits dargestellt, wird diese positive Grundhaltung vor allem dann besonders wichtig, wenn sich die Rahmenbedingungen häufig verändern und entsprechend rasche Entscheidungen erfordern. Das sind die typischen Merkmale einer VUCA-Welt.

Aufgrund des in diesem Sinne positiven Führungsverhaltens (hoffentlich) aller Führungskräfte sind hervorragend geführte Unternehmen für ihre Fähigkeit bekannt, Möglichkeiten und Bedrohungen rasch zu erkennen und darauf agil, effektiv und effizient zu reagieren. Sie beziehen dabei Nachhaltigkeitskonzepte in ihre Strategien und in ihre Prozessgestaltung ein. Sie berücksichtigen dabei die drei Zieldimensionen der nachhaltigen Entwicklung, nämlich wirtschaftliche Leistungsfähigkeit, ökologische Verantwortung und gesellschaftliche Solidarität in einer ausgewogenen Art und Weise.

Hervorragend geführte Unternehmen nutzen Methoden zum Erkennen von Veränderungen in ihrem Umfeld und berücksichtigen diese Veränderungen in ihren künftigen Szenarien und Planungen. Hierzu gehört auch die Überprüfung der Effektivität und Effizienz von Schlüsselprozessen mithilfe aussagekräftiger Leistungskennzahlen im Rahmen des Managementsystems. Dies schließt die Nutzung geeigneter Benchmarks ein, um Innovationen und Verbesserungsprojekte voranzutreiben.

Strukturen und Prozesse werden regelmäßig überprüft und bei Notwendigkeit rasch angepasst, um das Erreichen der strategischen Ziele zu unterstützen. Anstehende Veränderungen werden durch ein strukturiertes Projektmanagement und systematische Prozessverbesserungen effektiv gemanagt. Dies erfolgt projekt- und prozessimmanent in entsprechenden Feedback-schleifen (*Lessons Learnt*).

Hervorragend geführte Unternehmen setzen Veränderungen konsequent und mit angemessener Schnelligkeit um.

Vertrauen: Partizipation und Lernen

Vertrauen ist in psychologischer Perspektive die subjektive Überzeugung von der Richtigkeit von Handlungen, Einsichten und Aussagen eines anderen oder von sich selbst (Selbstvertrauen). Dazu gehören auch die Überzeugung von der tatsächlichen Möglichkeit sowie die subjektive Fähigkeit zur Vornahme von Handlungen.

Ohne Vertrauen würden Unternehmen als soziale Systeme nicht funktionieren. Vertrauen ist unabdingbar. Im ökonomischen Kontext vertrauen Kunden beispielsweise in Markenprodukte und die damit verbundenen Leistungsversprechen. Lieferanten vertrauen darauf, dass ihre Kunden erhaltene Waren pünktlich bezahlen. Mitarbeiter vertrauen darauf, dass Zusagen ihrer Führungskräfte eingehalten werden und dass Gehalt oder Lohn am Monatsende pünktlich gezahlt wird.

Gegenseitiges Vertrauen auf Basis geteilter Normen, Werte und positiver Zukunftserwartungen übernimmt die verhaltenssteuernde Funktion bei der Zusammenarbeit in und zwischen Unternehmen. Vertrauen fördert Motivation und Eigenverantwortung, was wiederum vermeintliche Kontrollnotwendigkeiten reduzieren hilft. Dadurch trägt eine Vertrauenskultur maßgeblich dazu bei, dass Transaktionskosten gesenkt werden. (Gilbert, 2010)

Auf der Grundlage einer solchen Vertrauenskultur schaffen hervorragend geführte Unternehmen Mehrwert und steigern ihre Leistungsfähigkeit durch kontinuierliche Verbesserungen und systematische Innovationen, indem sie sich die Kreativität ihrer Interessengruppen nutzbar machen.

Hierzu binden sie die relevanten Interessengruppen ein und nutzen deren kollektives Wissen, beispielsweise zur Entwicklung von Produkten und neuen Produktionsverfahren. Sie schaffen und unterhalten Netzwerke zum Erfahrungsaustausch, um daraus Ansätze für kreative Entfaltung, Innovation und Verbesserung abzuleiten.

Sie definieren klare Ziele und Richtungen für Innovationen. Aus dem Verständnis der Märkte werden Chancen, klare Ziele und Richtungen für Innovationen abgeleitet, die durch geeignete Ressourcen unterstützt werden.

Hervorragend geführte Unternehmen nutzen eine strukturierte Vorgehensweise zur Generierung kreativer Ideen. Sie überprüfen und entwickeln die aussichtsreichen Ideen weiter, priorisieren diese und stellen hinreichende Ressourcen zur Verfügung, um sie in einem angemessenen Zeitrahmen zu realisieren.

Erfolg durch qualifizierte und engagierte Mitarbeiter

Hervorragend geführte Unternehmen lösen die stets gültige, fundamentale Aufgabe der Mitarbeiterführung: Sie versetzen Mitarbeiter durch gemeinsame Ziele und Werte, durch die adäquaten Strukturen und die richtige Anleitung in die Lage, bei der Bewältigung von Veränderungen hohe Leistungen zu erbringen.

Respekt und Wertschätzung der Mitarbeiter bilden die Basis für eine Kultur der Partizipation, der aktiven Mitwirkung, um sowohl die Ziele des Unternehmens als auch die der Mitarbeiter zu erreichen. Zu den Zielen der Mitarbeiter gehören auch deren persönlichen Belange, die an dieser Stelle mit dem Konzept der Vereinbarkeit von Beruf und Familie in aller Kürze zusammengefasst werden.

Hervorragend geführte Unternehmen verfügen über effektive Prozesse zur Gewinnung von Mitarbeitern. Das schließt wirksame Methoden der Personalauswahl, vor allem bei Führungskräften ein.

Die Unternehmen verfügen ferner über effektive Prozesse zur Entwicklung und Bindung der Mitarbeiter, die zur Erfüllung der aktuellen und künftigen Bedürfnisse des Unternehmens notwendig sind. Sie definieren die Fähigkeiten, Kompetenzen und Leistungsniveaus der Mitarbeiter, die zur Umsetzung der Mission, der Vision und zur Erreichung der strategischen Ziele erforderlich sind.

Bei Führungskräften werden in Zukunft die sozialen und kommunikativen Kompetenzen den Ausschlag geben. Sie sind entscheidend dafür, dass Führung eine neue Rolle einnimmt und die Eigenverantwortung der Mitarbeiter stärkt.

Führung in einer VUCA-Welt wird vor allem die Eigenverantwortung der Mitarbeiter fördern. Dazu muss sie sich von enger Kontrolle verabschieden und Mitarbeitern Freiräume gewähren. Um diesen Paradigmenwechsel zu ermöglichen, sind kommunikative Fähigkeiten ebenso gefragt wie Reflexionsfähigkeit und -bereitschaft. Sie schließen den offenen Umgang mit Feedback und kritischen Themen ein. (Möckel, 2018)

Hervorragend geführte Unternehmen sorgen in einer Zeit der permanenten Erreichbarkeit, der zunehmenden Globalisierung und neuer Arbeitsmethoden in verantwortungsvoller Art und Weise für ein ausgewogenes Verhältnis von Arbeit und Freizeit.

Sie bringen persönliche Ziele und Teamziele in Einklang und stellen sicher, dass die Mitarbeiter befähigt werden, ihren vollen Leistungsbeitrag im Sinne einer echten Kooperation einzubringen.

Diese Unternehmen entwickeln die Fähigkeiten und Kompetenzen der Mitarbeiter, um deren Beschäftigungsfähigkeit (*Employability*) unter den Bedingungen der künftigen Anforderungen sicherzustellen. Sie fördern dabei die Partizipation der Mitarbeiter bei Verbesserungen und Innovationen und erkennen deren Anstrengungen und Erfolge an.

Hierzu gehört auch die Ermutigung der Mitarbeiter zu kritischer Teilnahme, um ein Klima des Lernens und der kontinuierlichen Verbesserung zu schaffen.

Zusammenfassung

Unternehmensführung muss - wie jeder andere betriebliche Prozess auch - ständig kritisch hinterfragt und den veränderten Rahmenbedingungen angepasst werden. Dies gilt insbesondere in einer VUCA-Welt.

Gleichwohl gibt es Grundsätze, die meines Erachtens wirksame Führung prägen und auch in Zukunft gültig sein werden. Ich habe in diesem Sinne sieben Grundsätze wirksamer Unternehmensführung dargestellt und erläutert:

- Mehrwert für Kunden
- Ergebnisse erzielen
- Auswahl und Fokussierung
- Verantwortung: entschlossen führen und handeln
- Zuversicht: Veränderungen gestalten
- Vertrauen: Partizipation und Lernen
- Erfolg durch qualifizierte und engagierte Mitarbeiter.

Auf diese Grundsätze werde ich in den folgenden Kapiteln immer wieder zurückgreifen und an Beispielen zeigen, wie sie im konkreten Alltagshandeln Wirkung entfalten.

Kapitel 2 - Agiles Prozessmodell der Unternehmensführung

„Wenn du etwas 2 Jahre lang gemacht hast, betrachte es sorgfältig!
Wenn du etwas 5 Jahre lang gemacht hast, betrachte es misstrauisch!
Wenn du etwas 10 Jahre lang gemacht hast, mache es anders.“[14]

Das heutige Geschäftsumfeld stellt die Unternehmen vor große Herausforderungen. Es scheint mit jedem Tag schwieriger zu werden, Erfolge zu erzielen: Globalisierung, Wettbewerb und Margendruck, neue Technologien, steigende Kundenanforderungen, politische Ungewissheiten und die demografische Entwicklung sind nur einige Herausforderungen, denen sich Führungskräfte in Unternehmen heute stellen müssen.

Ein klar durchdachtes und verständlich kommuniziertes Prozessmodell der Unternehmensführung ist daher wichtiger als je zuvor.

Aufgrund der rasch wechselnden Rahmenbedingungen muss ein solches Modell heute allerdings offen sein, sodass dessen Inhalte, die in der Folge dargestellt werden, schnell und effizient angepasst werden können. Dies gilt in besonderem Maße für kleinere Unternehmen im Mittelstand. Diese können

---

[14] Mahatma Gandhi

und sollten es sich nicht leisten, mit einer Heerschar von Mitarbeitern in Planungsstäben wochen- oder gar monatelang über Strategiepapieren und Ähnlichem zu brüten. Das ist allerdings kein Plädoyer dafür, auf Strategien ganz zu verzichten - im Gegenteil. Allerdings ist die rasche Entwicklung einer klaren, wirkungsvollen Unternehmensausrichtung, die in der Folge konsequent umgesetzt wird, allemal besser, als die langwierige Entwicklung einer im Detail „perfekten“ strategischen Planung, die zum Zeitpunkt der Fertigstellung bereits in wesentlichen Teilen überholt ist und daher nicht oder nur unzureichend umgesetzt werden kann.

Agilität in der Unternehmensführung, rasche und konsequente Umsetzung sowie wiederum Agilität in der Anpassung von Strukturen und Prozessen sind das Gebot der Stunde.

Was genau unter Agilität im Kontext eines Unternehmens als Organisation zu verstehen ist, lässt sich nicht allgemeingültig definieren. Die einen verstehen Agilität als „die Fähigkeit einer Organisation, rasch auf Veränderungen zu reagieren“.[15]

Andere gehen den Weg über die Empirie und identifizieren in der Praxis vier zentrale Aspekte, die unter Agilität verstanden werden: Geschwindigkeit, Anpassungsfähigkeit, Kundenzentriertheit und agile Haltung.[16]

---

[15] Kienbaum (2015): Kienbaum-Change-Studie. Viele Unternehmen sind nicht fit für anstehende Veränderungen. Pressemitteilung vom 17.06.2015 https://www.openpr.de/index.php?go=article&prid=858201 (25.01.2018, 19.50 Uhr)

[16] Fischer, S., Weber, S., Zimmermann,A. (27.03.2017): Qualitative Studie. Was ist Agilität und welche Vorteile bringt eine agile Organisation? https://www.haufe.de/personal/hr-management/agilitaet-definition-und-verstaendnis-in-der-praxis_80_405804.html (25.01.2018, 19.50 Uhr)

Für dieses Buch habe ich auf Basis der Überlegungen in der Literatur sowie von Diskussionen mit Geschäftsleitungen diverser Mitgliedsunternehmen in der *Manufaktur für Führungskultur im Mittelstand e.V.* folgende sieben Merkmale herausgearbeitet, die für eine agile Organisation prägend sind.

- Kundenorientierung
- Anpassung
- Flexibilität
- Schnelligkeit
- Selbstorganisation
- Vernetzung
- Vertrauen

Anstelle einer Definition: sieben Merkmale agiler Unternehmen

Zweck der Agilität und höchste Priorität ist es, den **Kunden** durch hochwertige Produkte und Dienstleistungen zufriedenzustellen. Selbst späte Anforderungsänderungen sind daher willkommen. Agile Prozesse nutzen Anforderungsänderungen zum Wettbewerbsvorteil des Kunden.

Agile Unternehmen zeichnen sich durch eine hohe **Anpassungsfähigkeit** an veränderte Rahmenbedingungen und Marktsituationen aus.

Flexibilität hinsichtlich der Anpassung von Produkten, Dienstleistungen und Prozessen ist ein entscheidendes Kriterium für erfolgreiche agile Unternehmen.

Die Mitarbeiter mit ihren Kompetenzen stellen die **Schnelligkeit** der Umsetzung der erforderlichen Änderungen sicher.

In agilen Unternehmen sind die Mitarbeiter aufgrund ihrer Kompetenzen in einem hohen Maße **selbstorganisiert**. Zudem sind die Arbeits- und Projektteams in der Lage und ermächtigt, in gewissem Umfang Entscheidungen autonom im Rahmen ihrer Aufgaben und Verantwortung zu treffen.

Über ihre Zugehörigkeit zu einer traditionellen Linienfunktion hinausgehend sind die Mitarbeiter durch die Arbeits-

und Projektteams in einem hohen Grad untereinander **vernetzt**.

Dies erfordert eine Unternehmenskultur, die auf **Vertrauen** basiert - auf Vertrauen der Führungskräfte zu ihren Mitarbeitern, auf Vertrauen der Mitarbeiter zu den Führungskräften sowie auf Vertrauen der Mitarbeiter untereinander.

Auch wenn das Konzept des agilen Unternehmens mit seinen kreativen Netzwerken verheißungsvoll klingt, bleiben für zahlreiche Unternehmensprozesse Einheit, Ordnung und klar definierte Aufgabenteilung noch immer unabdingbar. Zudem ist das agile Unternehmen bis zu einem bestimmten Grad auf die interne Unterstützung klassischer administrativer Bereiche angewiesen.

Unternehmen benötigen aus den bereits genannten Gründen zudem eine klare und transparente Unternehmensvision und -strategie, einen Rahmen aus Werten und Prinzipien sowie eine klare Mission.

Im agilen Prozessmodell der Unternehmensführung unterscheiden wir in der Folge drei Ebenen:

1.) Die erste, normative Ebene der Unternehmensführung umfasst Politik und Kultur des Unternehmens (Kap. 3)

2.) Auf der zweiten Ebene der Unternehmensführung werden Strategien entwickelt und modelliert (Kap. 4 und 5).

3.) Auf der dritten, operativen Ebene der Unternehmensführung werden die Strategien schließlich implementiert (Kap. 6).

Die Normative Ebene der Unternehmensführung (Kapitel 3)

Die normative Ebene der Unternehmensführung umfasst die Unternehmenskultur und die Unternehmenspolitik.

Als Unternehmenskultur werden die grundlegenden, oft unausgesprochenen und nicht dokumentierten Annahmen eines Unternehmens bezeichnet, die dort als allgemein gültig akzeptiert werden und die die Strukturen und Prozesse des jeweiligen Unternehmens bis hin zum individuellen Verhalten der Mitarbeiter maßgeblich bestimmen.[17] Dazu gehören Prinzipien, Normen und Werte, Einstellungen, Haltungen, Spielregeln und Argumentationsmuster. Diese Komponenten stellen die Grundlage des Verhaltens dar, das Außenstehende als das spezielle Verhalten im Unternehmen wahrnehmen und das im Unternehmen akzeptiert wird.

„Das zeichnet die Muster GmbH aus, so kennen wir das von denen!“ oder „Das machen wir bei uns soundso“, wären typische Aussagen zu den hintergründigen Strukturen, also den ungeschriebenen Gesetzen.

Da Menschen sich nicht *nicht* verhalten können (Watzlawick, Beavin, & Jackson, 2007), ist folglich auch eine Unternehmenskultur unvermeidbar. Unternehmen können nicht *keine* Unternehmenskultur haben. Es stellt sich durch das

---

[17] “[...]a pattern of basic assumptions – invented, discovered, or developed by a given group as it learns to cope with its problems of external adaption and internal integration – that has worked well enough to be considered valid and, therefore, to be taught to new members as the correct way to perceive, think, and feel in relation to those problems”. ↑ Edgar H. Schein (1985) Organizational Culture and Leadership. A Dynamic View, San Francisco etc. (Jossey-Bass);S. 9

tatsächliche Verhalten der Mitarbeiter ganz von selbst eine Unternehmenskultur ein, die maßgeblich durch die Führungskultur der Führungskräfte geprägt wird. Eine sich auf diese Art und Weise - quasi zufällig - ergebende Führungs- und Unternehmenskultur kann zum Unternehmenserfolg beitragen - muss sie aber nicht. Und wenn, dann höchstwahrscheinlich genauso zufällig, wie sich eben die Führungs- und Unternehmenskultur einstellt.

Die Unternehmenskultur kann jedoch einen wesentlichen Erfolgsfaktor eines Unternehmens darstellen. Auch wenn ihre Elemente oftmals selbst von den Angehörigen des Unternehmens nicht leicht in Worte gefasst werden können, sind sie durchaus in der Lage, einen wesentlichen Erfolgsbeitrag zu leisten. Ein nicht zu unterschätzender Vorteil liegt ferner darin, dass eine Unternehmenskultur von anderen Unternehmen nicht oder nur sehr schwierig zu kopieren ist. Man spricht in solchen Fällen gern vom speziellen Corps- oder Teamgeist, vom besonderen „Spirit“ im Unternehmen. Für das Management stellt es eine große Herausforderung dar, auf eine gewachsene Unternehmenskultur einzuwirken, da sie im Gegensatz zur formalen Organisationsstruktur eben nicht formal und - wie erläutert - zum Teil unbewusst im Verhalten und Denken der Mitarbeiter verankert ist.

Daher ist es besonders wichtig, die Elemente der Unternehmenskultur von Zeit zu Zeit ins Bewusstsein zu heben und kritisch zu hinterfragen. Dies geschieht auf der normativen Ebene der Unternehmensführung. Auf dieser Ebene legt das Unternehmen seine Mission, seine Werte, die Vision, die Unternehmenspolitik, die Leitsätze und -linien sowie die Grundsätze der Unternehmenspolitik fest. Dies geschieht meist in entsprechenden Klausuren oder in Workshops mit Führungskräften, zum Teil auch sinnvollerweise unter mehr oder weniger breiter Beteiligung der Mitarbeiter. Eine gute Grundlage für solche Klausuren bilden daher die Ergebnisse von Befragungen, zum Beispiel von Kunden oder Mitarbeitern.

Beim Thema Unternehmenskultur geht es nicht nur um die Innenansicht des Unternehmens, sondern es geht auch um die Legitimation der unternehmerischen Tätigkeit angesichts der Anliegen und Interessen der verschiedenen Anspruchsgruppen, die zueinander durchaus im Konflikt stehen können.

Die nachfolgenden Abbildungen 4 bis 6 entwickeln das agile Prozessmodell der Unternehmensführung so, wie es dann nachfolgend in den Buchkapiteln detailliert beschrieben und eingehend erläutert wird.

Die normativen Ansätze der Unternehmensführung sind - bewusst oder unbewusst - in hohem Maße handlungsleitend und bestimmen die Organisation und die Strukturen eines Unternehmens maßgeblich mit.

So hängt die Frage, ob ein Unternehmen klassisch hierarchisch organisiert und geführt oder - zumindest in Teilbereichen - vieles in teilautonomen Mitarbeitergruppen entschieden wird, in erheblichem Umfang von dem zugrundeliegenden Menschenbild und von den gelebten Werten ab.

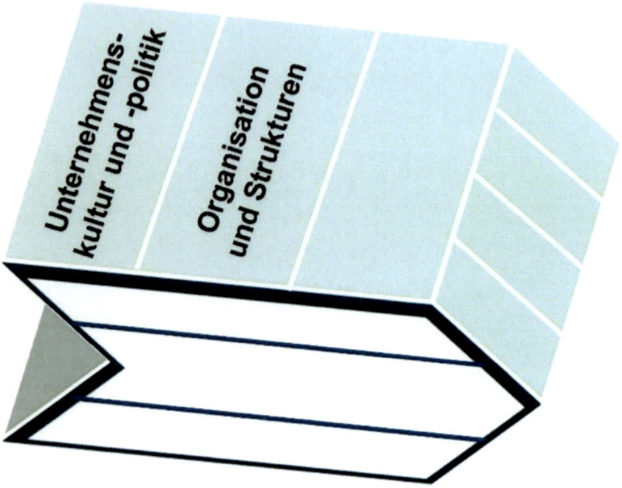

Abbildung 4: Agiles Prozessmodell der Unternehmensführung (Teil 1): Die normative Ebene der Unternehmensführung

So lautet zum Beispiel ein Wert der *Drogeriemarktkette dm* „Bereitschaft zur Zusammenarbeit in Gruppen“:

„Wir wollen allen Mitarbeitern die Möglichkeit geben, gemeinsam voneinander zu lernen, einander als Menschen zu begegnen, die Individualität des anderen anzuerkennen, um die Voraussetzungen zu schaffen, sich selbst zu erkennen und entwickeln zu wollen und sich mit den gestellten Aufgaben verbinden zu können.“ [18]

---

[18] https://www.dm.de/unternehmen/ueber-uns/grundsaetze/; (02.02.2018, 19.50 Uhr)

Wie anders liest sich da ein Bericht über Politik und Kultur der im Jahr 2012 liquidierten Drogeriemarktkette *Schlecker*:

„Druck, Misstrauen, Kontrolle. Wenn Gewerkschafter die Führungskultur von Schlecker beschreiben sollen, fallen in der Regel diese drei Begriffe. Schlecker hat über Jahrzehnte den zweifelhaften Ruf aufgebaut, ein Arbeitgeber mit frühkapitalistischer Grundeinstellung zu sein. Der Mitarbeiter ist ein Kostenfaktor, den es zu minimieren gilt. Phasenweise zahlte Schlecker nach Verdi-Angaben 50 Prozent unter Tarif. 1998 wurden Anton und Christa Schlecker wegen Lohn-Dumpings zu einer Strafe von einer Million Euro und jeweils zehn Monaten Haft auf Bewährung verurteilt. Verdi konnte daraufhin die Einführung eines Tarifvertrags durchsetzen.

Das änderte aber wenig an der Grundhaltung. Neue Mitarbeiter standen unter dem Generalverdacht zu stehlen. Deshalb überwachten Detektive und Kameras sie heimlich bei der Arbeit.“ (Ramge, 2012)

Dass diese diametral entgegengesetzten Grundhaltungen und Werte zu Unterschieden nicht nur in der Organisation und den Strukturen der beiden ehemaligen Konkurrenten führten, liegt auf der Hand. Welcher der beiden Führungsansätze die erfolgreichere Alternative darstellt, scheint mir auch hinreichend beantwortet.

Ein wesentlicher Vorteil des in der Folge detailliert zu beschreibenden agilen Prozessmodells der Unternehmensführung ist es, dass die einzelnen Elemente inhaltlich aus den Anforderungen der Interessengruppen (Stakeholder) abgeleitet werden. Auf diese Weise wird sichergestellt, dass diese Anforderungen adressiert und berücksichtigt werden.

Dies trägt wiederum dazu bei, dass die (Leistungs-) Anforderungen besser kommuniziert und akzeptiert werden können. Sie werden im wahrsten Wortsinne als sinnvoll wahrgenommen.

Das steht in krassem Gegensatz zu manchen Unternehmen, in denen die Systeme und Prozessbeschreibungen nur „für den TÜV“, für das ISO-Zertifikat etabliert werden. „Und wenn die Zertifizierer dann endlich weg sind, können wir wieder ganz normal weiterarbeiten“, hört man es bisweilen von den Mitarbeitern.

Dennoch stimmen meine Modellansätze im Grundsatz mit den Anforderungen aller Managementsysteme überein: von den „einfachen“ ISO-Managementsystemen zu isolierten Themen (Qualität: ISO 9000ff, Umwelt: ISO 14000ff, Arbeitssicherheit: OHSAS etc.) bis hin zu den komplexen TQM-Systemen nach Malcolm Baldrige oder EFQM.

Selbstverständlich sind in meinem Prozessmodell Fragen der Qualität, Fragen des Umweltschutzes und Fragen der Arbeitssicherheit berücksichtigt - aber eben nicht quasi technisch isoliert als Teilmanagementsystem, sondern als Ausdruck der unternehmerischen Verantwortung gegenüber den Interessengruppen des Unternehmens. (siehe Kapitel 1 - Sieben Grundsätze wirksamer Führung)

Die nachfolgende Tabelle mag das Prinzip verdeutlichen:

Interessen-gruppen	Ansprüche (Beispiele)	Teil-Management-system	TQM-Modell
Kunde	Qualität	DIN EN ISO 9000/ 9001	Agiles Prozessmodell der Unternehmensführung
Gesellschaft	Umwelt	DIN EN ISO 14000/ 14001	
Mitarbeiter	Arbeitssicherheit	OHSAS 18001	
Kapitalgeber	Rendite		
Lieferanten und Partner	Faire Produktions- und Handels-praktiken		

Tabelle 3: Berücksichtigung der Ansprüche aller Interessengruppen im agilen Prozessmodell der Unternehmensführung als TQM-Modell

Das Modell berücksichtigt also nicht nur die Ansprüche weiterer Interessengruppen (z.B. Kapitalgeber), sondern auch Ansprüche der Interessengruppen Mitarbeiter und Gesellschaft, die über Umweltschutzaspekte und Arbeitssicherheit weit hinausgehen.

Somit kann das agile Prozessmodell der Unternehmensführung als TQM-Modell interpretiert werden, das allerdings den Unternehmen die Freiheiten lässt, sich die Elemente auszuwählen, die wirklich relevant und den eigenen Ressourcen angemessen sind. Es ist daher auch für kleine Unternehmen ab einer Größenordnung von ca. zwanzig Mitarbeitern überaus geeignet.

Die Strategische Ebene der Unternehmensführung: Strategieentwicklung als Führungsprozess (Kapitel 4 und 5)

Die Strategieentwicklung als Führungsprozess repräsentiert die zweite der drei Ebenen der Unternehmensführung.

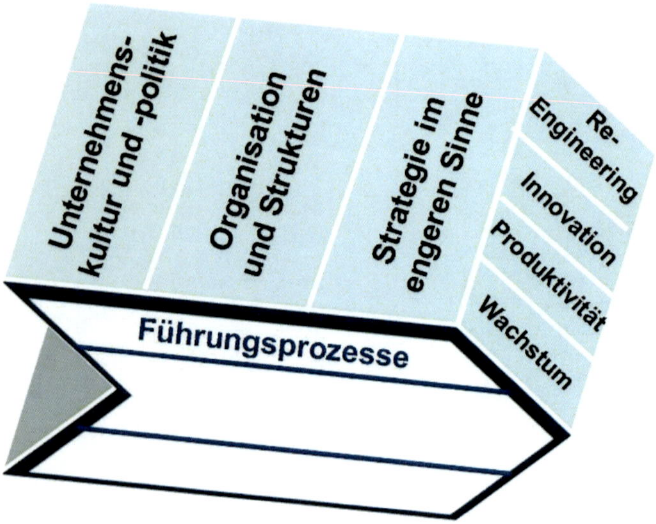

Abbildung 5: Agiles Prozessmodell der Unternehmensführung (Teil 2): Die Strategie im engeren Sinne als wesentlicher Führungsprozess

Auf der strategischen Ebene entwickelt das Unternehmen die Strategie im engeren Sinne, verstanden als die Formulierung der strategischen Zielsetzungen sowie der wesentlichen

Vorgehensweisen, um seine in der normativen Unternehmensführung definierten Leitsätze umzusetzen. Hierzu gehört auch die Festlegung der Aufbauorganisation und der sonstigen Strukturen bzw. deren regelmäßige Überprüfung und Anpassung.

Die Strategie als unternehmerische Ausrichtung beantwortet dabei die inhaltlichen Frage: "Was soll gemacht werden? Was soll unterlassen werden?"

Sie legt das Leistungsangebot des Unternehmens fest, formuliert den Schwerpunkt der Wertschöpfung, mögliche Kooperationsfelder sowie Kernkompetenzen. Darüber hinaus gibt sie Auskunft über die Anliegen und Bedürfnisse der Anspruchsgruppen (s.u.) sowie der Kommunikationsformen mit diesen Gruppen.

Die Strategie beantwortet auch die Frage: "Wie soll es gemacht werden?". Sie wird in einem Geschäftsplan oder im strategischen Handlungsplan formuliert. Das Ziel der Strategie ist die Schaffung und Erhaltung langfristiger Wettbewerbsvorteile durch eine der Konkurrenz überlegene Unternehmensführung.

Der Prozess der Strategieentwicklung als „Führungsprozess“ konzentriert sich demgegenüber auf die Art und Weise, wie eine Unternehmensstrategie erarbeitet wird.

Hierbei geht es im Wesentlichen um folgende Fragen:

- Wer ist an der Erarbeitung der Strategie beteiligt?
- Welche Bereiche werden mit welchen Methoden analysiert?

- Wer ist für die Analyse verantwortlich?
- Wie wird wem gegenüber die Strategie kommuniziert?

Zur strategischen Unternehmensführung im weiteren Sinne gehört auch die Analyse und ggf. die Anpassung der Organisation und der sonstigen Strukturen, wie zum Beispiel die Ausrichtung des Unternehmens nach sogenannten strategischen Geschäftsfeldern. Solche Entscheidungen und Festlegungen werden benötigt, um das nötige Maß an Arbeitsteilung zu definieren und um die Teilbereiche effektiv und effizient zu koordinieren. Dies geschieht durch Aufbaustrukturen (z.B. Organigramm, Stellenplan u.ä.) sowie durch Ablaufstrukturen und Prozesse. Aber auch neuere Strukturformen wie Netzwerke können und sollten in diesem Zusammenhang angesprochen werden.

Ablaufstrukturen dienen der Festlegung, welche Aufgaben in welcher Abfolge zu erledigen sind, zum Beispiel in Form von Prozessbeschreibungen. Das Management kann in diesem Bereich vergleichsweise einfach Veränderungen bewirken, da es sich um bewusste und explizit festgelegte Sachverhalte handelt. Veränderungen von Strukturen und Prozessen erfordern regelmäßig auch veränderte Arbeitsweisen mit entsprechenden Auswirkungen auf die Einstellungen und Haltungen der Mitarbeiter. Insofern prägen auch Veränderungen der Organisation die Unternehmenskultur.

Das wesentliche Element der strategischen Unternehmensführung - die Strategie im engeren Sinne - stellen die vier strategischen Grundausrichtungen dar. Strategische Grundausrichtungen bezeichnen die verschiedenen Arten der Weiterentwicklung eines Unternehmens. Die kontinuierliche, ständig ablaufende Verbesserung des Bestehenden wird dabei als Wachstum bzw. Produktivität bezeichnet, während die diskontinuierliche, meist sprunghaft stattfindende Schaffung von völlig Neuem durch die Begriffe Innovation und Re-Engineering repräsentiert wird. Die Erörterung der Details sind den Kapiteln 4 und 5 vorbehalten.

Die Umsetzung der Strategien obliegt der operativen Unternehmensführung.

Die auf diesen Grundsätzen erstellte und basierende Strategie im engeren Sinne setzt die Unternehmenspolitik (Mission, Vision, Werte, sonstige grundsätzliche Leitlinien) im Tagesgeschäft um. Wie im Kapitel 4 gezeigt wird, fokussiert die Strategie im engeren Sinne die Interessengruppen (Stakeholder) „Kunden" und „Kapitalgeber". Die Gesamtstrategie des Unternehmens wird selbstverständlich um ihre Teilaspekte ergänzt, wie zum Beispiel eine Personalstrategie.

Agilität als Konzept ist kein planloser Aktionismus, sondern setzt ebenso einen klar definierten Prozess der Strategieentwicklung voraus. Eine wesentliche Anforderung an den Prozesses zur Strategieentwicklung, die sich aus dem schnellen Wandel unserer Gegenwart ergibt und den agilen Prinzipien Rechnung trägt, ist die Offenheit der Strategie für Veränderungen. Entwicklungen aller Art, vor allem technologische Neuerungen, haben Einfluss auf das Unternehmen. Die Strategie und das Unternehmen insgesamt müssen sicher-stellen, dass solche Veränderungen und Entwicklungen frühzeitig wahrgenommen werden und entsprechend (re)agiert wird. Hiermit sind nicht nur die profunde Kenntnis und Anwendung der Grundsätze für das Management von Veränderungen (Change-Management) gemeint. Es gilt vielmehr, sich anbahnende Veränderungen frühzeitig zu erkennen sowie die laufenden Veränderungen möglichst vollständig zu erfassen, zielführende Aktivitäten zu entwickeln und umzusetzen. Agilität ist das Stichwort auch in diesem Zusammenhang.

Die Zeiten tief gegliederter Hierarchien mit langwierigen bürokratischen Entscheidungswegen scheinen endgültig vorbei zu sein.

Vorbild für diese Art der strategischen Unternehmensführung und Unternehmensplanung sind die Modelle der agilen Softwareentwicklung. Ihr Ziel ist es, den Softwareentwicklungsprozess flexibler und schlanker zu gestalten. Sie sind eine Gegenbewegung zu den oft als schwerfällig und bürokratisch angesehenen traditionellen Softwareentwicklungsprozessen.

Allerdings „verbieten“ traditionelle Methoden nicht den Einsatz von agilen Elementen, weder in der Softwareentwicklung noch in der strategischen Planung. Generell ist sowohl in der Strategieentwicklung als auch in der Strategieimplementierung ein agiles Vorgehen notwendig.

Am Wirkungsvollsten ist jedoch die Einrichtung von sogenannten Frühwarnsystemen, die die schwachen Signale (*weak signals*) aufnehmen. Dies geschieht in erster Linie durch eine sinnvolle Auswahl relevanter Analysefelder, wie sie in Kapitel 4 beschrieben sind.

Die strategische Unternehmensführung und der Prozess der Strategieentwicklung in dem so verstandenen Sinne helfen dabei, diese Änderungen systematisch in das Konzept der agilen Unternehmensführung aufzunehmen.

Die Operative Ebene der Unternehmensführung: Strategieimplementierung – (Kapitel 6)

„Unless a decision has "degenerated into work", it is not a decision; it is at best a good intention." (Drucker P. F., 1967)

Das agile Prozessmodell der Unternehmensführung begreift das Unternehmen - wie der Name schon andeutet - als ein System von Prozessen. Prozesse bezeichnen stets wiederkehrende Abläufe, die das Alltagsgeschehen eines Unternehmens prägen.

Ohne Sie bleiben die Mission und die Vision des Unternehmens sowie die Unternehmensstrategie - und sei sie auch noch so ausgeklügelt - eben nur gut gemeinte Pläne, wenig mehr als gute Absichten.

In der souveränen Beherrschung der Routinen, also in der Effizienz der Prozesse und sonstigen Abläufe, zum Beispiel in Form von kurzen Durchlaufzeiten, liegt eine wesentliche Voraussetzung für den unternehmerischen Erfolg. Dies wird sich - so meine feste Überzeugung - auch in einer VUCA-Welt nicht ändern.

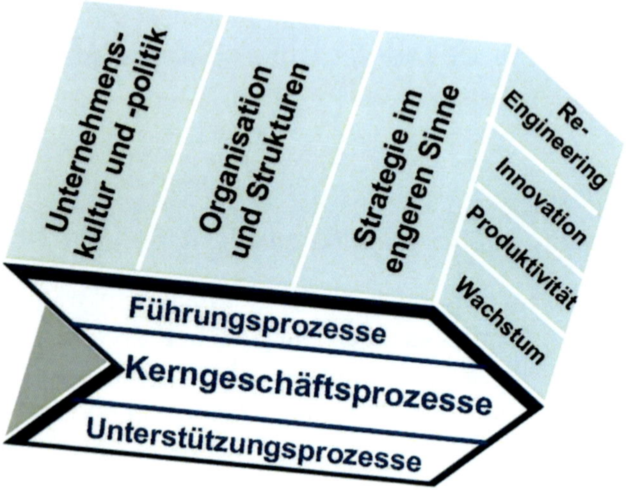

Abbildung 6: Agiles Prozessmodell der Unternehmensführung (Teil 3): Die Kerngeschäftsprozesse und die Unterstützungsprozesse

Agilität verlangt jedoch in diesem Zusammenhang (auch) kurze Entscheidungswege und eine rasche Anpassung von Prozessen, wenn diese nicht mehr den Anforderungen der Kunden und den Erfordernissen des Marktes entsprechen.

Zum besseren Verständnis und zur Strukturierung unterscheiden wir - der herrschenden Meinung folgend - zwischen Führungsprozessen, Kerngeschäftsprozessen und Unterstützungsprozessen.

a) Führungsprozesse

Führungsprozesse umfassen alle grundlegenden Aufgaben, die sich mit der Führung und der Steuerung von Unternehmen befassen. Führungsprozesse gibt es sowohl auf

- der normativen Ebene (z.B. das Erarbeiten von Mission, Vision und Werten; die Erarbeitung von Policies, die Erstellung von Leitbildern; siehe Kapitel 3),

- der strategischen Ebene (z.B. Prozess zur Strategieentwicklung; siehe Kapitel 4) als auch auf

- der operativen Ebene (z.B. Budgeterstellung, Besprechungskonzept für die Regelkommunikation).

b) Kerngeschäftsprozesse (siehe auch Kapitel 5).

Kerngeschäftsprozesse verkörpern die Kernaktivitäten einer Unternehmung, die unmittelbar auf den Kundennutzen ausgerichtet sind. Sie umfassen die Kundenprozesse (Akquisition, Auslieferungsservice, After-Sales-Service, Kundenbindungsprozesse etc.), die Leistungserstellungsprozesse (Produktion, Erbringung der Dienstleistung) sowie die Leistungsinnovationsprozesse (z.B. Forschung und Entwicklung).

c) Unterstützungsprozesse

Unterstützungsprozesse bezeichnen die unternehmensinternen Dienstleistungen, die für eine effektive und effiziente

Ausführung der Kerngeschäftsprozesse erbracht werden. Dazu gehören zum Beispiel die Prozesse der Instandhaltung und Wartung, der Lagerwirtschaft, des Einkaufs, der Buchhaltung, der Personalarbeit etc.

Nun wäre die Beschreibung des agilen Prozessmodells der Unternehmensführung komplett, bewegte sich das Unternehmen *wie Robinson Crusoe* im gleichnamigen Roman von Daniel Defoe auf einer Insel. Eine solche Robinsonade ist aber das genaue Gegenteil einer globalisierten Welt mit weitgehend offenen Märkten.

Das agile Modell der Unternehmensführung versteht sich daher als Denkmodell nicht nur des Unternehmens, sondern es schließt das Umfeld als systemischen Gestaltungsrahmen mit ein. Das Modell hilft den Führungskräften und sonstigen Mitarbeitern dabei, das eigene Unternehmen in der Interaktion mit dem Umfeld ganzheitlich zu erkennen und zu verstehen, auftretende Probleme zu identifizieren und diese im Sinne der unternehmerischen Zielsetzung zu lösen. Darüber hinaus bietet dieser Gestaltungsrahmen die Flexibilität, um die oben angegebenen Teilmanagementmodelle (z.B. ISO 9000/ 9001 ff. u.a.), die Methoden sowie die Lösungsansätze zu integrieren.

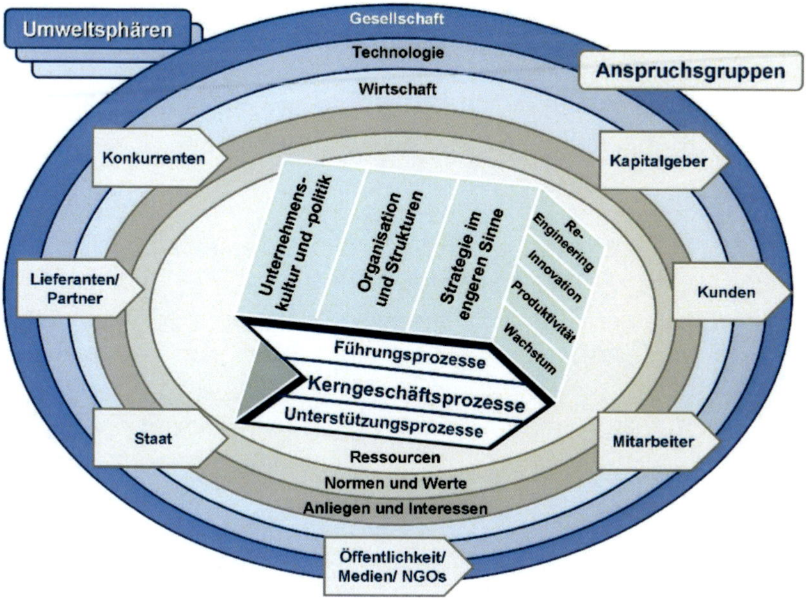

Abbildung 7: Agiles Prozessmodell der Unternehmensführung im Kontext von Anspruchsgruppen (synonym: Interessengruppen und Stakeholder) und Umweltsphären

Der Gestaltungsrahmen wird von den Anspruchsgruppen (Interessengruppen, Stakeholdern) und den Umweltsphären aufgespannt. Die Anspruchsgruppen repräsentieren vielfältigste Ressourcen, Anliegen, Interessen sowie Normen und Werte, die das eigene Unternehmen und die darin arbeitenden Mitarbeiter weit über die Erfüllung gesetzlicher Normen berücksichtigen sollten.

Diese Notwendigkeit wird vor allem immer dann deutlich, wenn gegen berechtigte Interessen, Normen und Werte in einem Ausmaß verstoßen wird, dass der Verstoß als Skandal oft monatelang die Schlagzeilen beherrscht:

- Finanz- und Bankenkrise im Jahr 2008 mit Bonizahlungen in Milliardenhöhe;

- Kostenüberschreitungen, Umweltschutzgründe und mangelnde Bürgerbeteiligung beim Bahnprojekt „Stuttgart 21“;

- Dieselskandal durch Manipulationssoftware bei VW;

- Die als „Panamapapers“ publizierten weltweiten Delikte von Steuerhinterziehungen und Steuerumgehungen;

- Katastrophale Arbeitsbedingungen: Der Einsturz einer Näherei im Jahr 2013 in Bangladesch forderte über 1000 Tote;

- Störfälle in Kraftwerken, zum Beispiel die jüngsten Entwicklungen im belgischen Kernkraftwerk Tihange (2018);

- Waffenlieferungen in Krisengebiete.

Diese willkürlich ausgewählten Fälle sollen - ohne in Details einzusteigen - verdeutlichen, dass Wirtschaftsethik keine philanthropische, schöngeistige Managementübung ist.

„Ethik ist das neue Grün“ - So drückt es Claus Diercksmeier, Direktor des Weltethos Instituts in Tübingen gerne aus. Damit meint er, dass wirtschaftsethisches Verhalten als Zielstellung die gleiche Entwicklung nehmen wird wie die Umweltpolitik der Grünen ab den späten Siebzigerjahren.

Das agile Prozessmodell der Unternehmensführung für den Mittelstand unterstützt in diesem Sinne die Gedanken und

Werte, die im Manifest *„Globales Wirtschaftsethos – Konsequenzen für die Weltwirtschaft“* festgehalten sind und basiert auf diesen.[19]

Anspruchsgruppen

Die Anspruchsgruppen (auch Interessengruppen oder Stakeholder genannt) sind Bestandteile der Umweltsphären.

Anspruchsgruppen bezeichnen alle Gruppen und Individuen, die in irgendeiner Form von der Wertschöpfung des Unternehmens betroffen sind. Aus dem Wertbeitrag für die Anspruchsgruppen „Kunden“ und „Kapitalgeber“ ergibt sich in der Regel der Zweck einer Unternehmung.

Die Wertschöpfung einerseits und das Betroffensein weiterer Anspruchsgruppen andererseits (z.B. Umweltbelastungen durch die Produktion; gesundheitliche Beeinträchtigung der Mitarbeiter, etc.) sind notwendigerweise konfliktbeladen, weshalb die Unternehmung im Rahmen der normativen Unternehmensführung Regeln und Verfahren finden muss,

---

[19] „Globales Wirtschaftsethos – Konsequenzen für die Weltwirtschaft“ (Hrsg.: Stiftung Weltethos, Waldhäuser Straße 23 72076 Tübingen). Das Manifest wurde von der Stiftung Weltethos mit Praktikern aus der Wirtschaft und mit Wirtschaftsethikern erarbeitet. Am 06.10.2009 wurde es gemeinsam mit dem UN Global Compact, der Schweizer UN-Mission und der Novartis Stiftung im UN-Hauptquartier in New York der Öffentlichkeit vorgestellt.
Es umfasst Stellungnahmen und Erklärungen insbesondere zu vier Grundwerten eines globalen Wirtschaftsethos:

- Gewaltlosigkeit und Achtung vor dem Leben
- Gerechtigkeit und Solidarität
- Wahrhaftigkeit und Toleranz
- Gegenseitige Achtung und Partnerschaft.

Wer sich dem Anliegen des Manifests anschließen möchte, kann sich – wie der Autor - auf der Website www.globaleconomicethic.org als Unterzeichner oder Unterstützer eintragen.

um eine Priorisierung sowie einen fairen Interessenausgleich vorzunehmen.

Umweltsphären

Umweltsphären bezeichnen die Bezugsräume im Umfeld der Unternehmung. Das Unternehmen steht in Wechselwirkung mit den Elementen dieser Umweltsphären, weshalb diese sehr genau auf Trends und mögliche Veränderungen hin zu analysieren sind.

Beispielhaft seien hier genannt:

- die Gesellschaft (demografische Entwicklung, Ökologie, Wertewandel, sonstige Megatrends etc.);
- die Technologie (Informationstechnologie, neue Materialien, neue Verfahren, auch in angrenzenden Bereichen);
- die Wirtschaft (Gesetzgebung, Energiepolitik, Arbeitsmarktpolitik, Konjunktur, Zinsen, Währungen etc.).

Wie ich in den folgenden Kapiteln darstellen werde, spielen die Umweltsphären und die Stakeholder eine maßgebliche Rolle im Strategieentwicklungsprozess.

Der IMPROVE®-Zyklus für kontinuierliche Verbesserungen

„Immer soll nach Verbesserung des bestehenden Zustands gestrebt werden, keiner soll mit dem Erreichten sich zufriedengeben, sondern stets danach trachten, seine Sache noch besser zu machen. [...] Beide Gedanken sind für uns Vermächtnis und Ermutigung zugleich“.[20]

Alle Unternehmen streben nach Erfolg. Dabei sind sie zu wirtschaftlichem Erfolg quasi per Gesetz verpflichtet. Scheitern sie, müssen sie unter spezifischen Voraussetzungen Insolvenz anmelden. Einige Unternehmen sind nur vorübergehend erfolgreich und unterliegen ansonsten dem allgemeinen Auf und Ab konjunktureller Schwankungen.

Hervorragend geführte Unternehmen zeichnen sich dadurch aus, dass sie dauerhaft und nachhaltig herausragende Ergebnisse erzielen. Das ist nur mit qualifizierten und engagierten Mitarbeitern möglich. Darüber hinaus ist es die Aufgabe von Führungskräften - ähnlich der Rolle eines Dirigenten - die Potenziale der Mitarbeiter auf die Unternehmensziele auszurichten und die Zusammenarbeit der Mitarbeiter optimal zu koordinieren.

Um erfolgreich am Markt bestehen zu können, benötigen daher alle Unternehmen eine geeignete Systematik für ihr Führungshandeln. Das agile Prozessmodell der Unternehmensführung sowie der IMPROVE®-Zyklus bieten eine solche

[20] Vernetzung von Menschen, Wissen und Systemen Referat von Dr. rer. nat. Volkmar Denner, Vorsitzender der Geschäftsführung der Robert Bosch GmbH anlässlich der Grundsteinlegung des Forschungszentrums Renningen am 27.09.2012

Grundstruktur. Sie stellen ein an den praktischen Erfordernissen ausgerichtetes, hervorragend fundiertes Denkmodell der Mitarbeiterführung und der Unternehmensführung dar.

Das Angebot an Führungstechniken und Führungsstilen ist groß und scheint zyklisch auftretenden „Managementmoden" zu unterliegen. Das agile Prozessmodell für den Mittelstand sowie der IMPROVE®-Zyklus bieten im Gegensatz dazu den Rahmen für eine ganzheitliche Bewertung und nachhaltige Steuerung des Erfolgsfaktors „Führungskultur". Dieser Rahmen berücksichtigt die berechtigten Anliegen aller Interessengruppen des Unternehmens, in dem diese in Form von konkreten Zielsetzungen sowie Mechanismen der Erfolgskontrolle handhabbar gemacht werden.

Der IMPROVE®-Zyklus für kontinuierliche Verbesserungen liegt als Grundstruktur dem agilen Prozessmodell der Unternehmensführung für den Mittelstand zugrunde. Er ist eine Weiterentwicklung des Plan-Do-Check-Act bzw. PDCA-Zyklus nach Deming. (Deming, 1982)

Die dadurch anzustrebende kontinuierliche Verbesserung findet auf der Ebene der (täglichen) Prozesse statt und basiert nicht zuletzt auf der Analyse der Unternehmensergebnisse. Sie berücksichtigt ferner die relevanten Entwicklungen und Veränderungen der Umweltsphären, insbesondere die veränderten Einstellungen, Werte und Erwartungen der Anspruchsgruppen, allen voran der Kunden.

Zusammenfassung

An dieser Stelle sei nochmals Peter F. Drucker erwähnt, dem das folgende Zitat zugeschrieben wird: „Was alle Erfolgreichen miteinander verbindet, ist die Fähigkeit, den Graben zwischen Entschluss und Ausführung äußerst schmal zu halten“.[21]

Es gilt also, rasch und zielführend zu handeln. Die Systematik des agilen Prozessmodells der Unternehmensführung in Verbindung mit dem IMPROVE®-Zyklus soll Sie, lieber Leser, dabei unterstützen. Wie bereits erwähnt, stellt der IMPROVE®-Zyklus eine Fortentwicklung des *PDCA-Zyklus* nach William Edwards Deming dar. In dieser Fortentwicklung sind jüngere Forschungsergebnisse vor allem aus der Zielsetzungstheorie nach Locke und Latham sowie aus der Volitionsforschung nach Heckhausen und Gollwitzer berücksichtigt. Die exakten Quellen finden Sie in einem separaten Literaturverzeichnis am Ende des Buches.

Diese Forschungsergebnisse sind für die Umsetzung und die zielführende Handlungsorientierung von ausschlaggebender Bedeutung und damit auch für den IMPROVE®-Zyklus.

Der IMPROVE®-Zyklus ist eine Systematik, bei dem sowohl die Erfolgsindikatoren und Leistungskennzahlen als auch die Erfolgsfaktoren (Prozesse und Vorgehensweisen) adressiert werden. Die dokumentierten Erfolgsindikatoren und Prozesse (Bestandsaufnahme zur Führungsqualität) werden regelmäßig systematisch analysiert und bewertet. Meist geschieht dies im Rahmen der jährlichen strategischen SWOT-Analyse.

---

[21] https://natune.net/zitate/Peter%20Drucker; (04.02.2018, 14.00 Uhr)

Das Ergebnis dieser Analyse mündet in Zielsetzungen sowie Maßnahmen zur Zielerreichung.

Die (Strategie-)Implementierung sorgt durch rasche und konsequente Umsetzung dieser Maßnahmen in der Folge für die angestrebte Verbesserung.

Abbildung 8: Das Konzept des IMPROVE®-Zyklus für kontinuierliche Verbesserungen

Kurzfristig wird es immer wieder erforderlich sein, dass Prozesse optimiert und agil gesteuert werden.

Gleichwohl bleibt es - wie dargestellt - notwendig, die veränderten Prozesse als Kernkompetenzen wieder zu stabilisieren, um den Wettbewerbsvorteil auszubauen oder zu erhalten. Produkt- und Qualitätsstabilität stehen hierbei im Fokus.

Schließlich gilt es, die erzielten Ergebnisse zu dokumentieren, zu kommunizieren und im Rahmen von Follow-Up-Routinen zu verfolgen. Eine dieser Follow-Up-Routinen stellt die oben erwähnte, in der Regel jährliche „Bestandsaufnahme zur Führungsqualität" dar, die einen neuen IMPROVE®-Zyklus einleitet.

Diese Systematik des Regelkreises hat sich über Jahrzehnte bewährt, um der Erstarrung und deren lähmenden Folgen entgegenzuwirken.

Auf diese Weise bleiben Unternehmen agil, wettbewerbsfähig und werden nicht von unliebsamen Entwicklungen und/ oder äußeren Umständen überrascht.

Das Aufrechterhalten einer kreativen Unruhe zur Vermeidung von satter Selbstzufriedenheit ist vielleicht eine der größten Herausforderungen von Unternehmensführung überhaupt.

Kapitel 3 - Die Normative Ebene der Unternehmensführung

„Nach über 20 Jahren systematischer Verankerung von klaren Wertevorstellungen in unserem Unternehmen - heute mit über 16.000 Mitarbeitern weltweit - können wir anhand von Korrelationen aufzeigen, dass vorbildliches, werteorientiertes Führungsverhalten maßgeblich zur Mitarbeiterzufriedenheit beiträgt. Diese wiederum beeinflusst in starkem Maße die Kundenzufriedenheit und erzeugt als Ergebnis höhere Effizienz und Effektivität, sprich Produktivität, und steuert damit erheblich zu einem nachhaltigen wirtschaftlichen Erfolg des Unternehmens bei.“ (Hilti, 2007)

Unternehmen sind soziale Systeme, die zu einem bestimmten Zweck gegründet werden. Bei Aktiengesellschaften ist dieser Zweck in der Satzung, bei Gesellschaften mit beschränkter Haftung im Gesellschaftsvertrag näher spezifiziert. In der Regel besteht der Zweck von Unternehmen der privaten Wirtschaft in der Herstellung von Produkten bzw. in der Erbringung von Dienstleistungen.

In unserer Wirtschaftsordnung findet dabei die Leistungserstellung im Rahmen eines wettbewerbsorientierten Umfeldes statt. Nur *das* Unternehmen wird im Wettbewerb bestehen, welches seine Produkte und Dienstleistungen langfristig zum Nutzen der Kunden zu wettbewerbsfähigen Preisen vermarkten kann. Die Fragen der Effektivität im Sinne von Nutzbringung für den Kunden einerseits und der Effizienz im Sinne von wirtschaftlicher Leistungserstellung durch das Unternehmen andererseits stehen dabei im Mittelpunkt des unternehmerischen Denkens und Handelns.

Der gesellschaftliche Wertewandel seit Ende der Sechzigerjahre, der „Schock“ über die Erfolge der japanischen - und heutzutage der chinesischen - Wirtschaft und Industrie, der Umweltschutz, die Globalisierung mit den vielfältigen Auswirkungen auf die Unternehmensführung, die Digitalisierung, die Auswirkungen der demografischen Entwicklung sowie die zunehmende Komplexität in einem sich verschärfenden Wettbewerb haben die Themen Wirtschaftsethos, Unternehmenskultur, Werte und werteorientierte Unternehmensführung in den letzten Jahren zunehmend in den Vordergrund gerückt.

Bevor wir uns im nächsten Kapitel mit den nüchternen Fakten der Unternehmensstrategie befassen, wenden wir uns daher zunächst den Grundlagen des Unternehmenserfolges, nämlich den Mitarbeitern und deren Werten sowie der grundlegenden Unternehmensausrichtung zu. Es ist von größtem Interesse für die Unternehmensführung, ja von unbedingter Notwendigkeit, ein Umfeld und eine Unternehmenskultur zu schaffen, in dem die Mitarbeiter sich ständig entwickeln können und einen möglichst hohen Anteil ihres persönlichen Potenzials zur Erreichung der Unternehmensziele einbringen. Es geht dabei nicht um Mitarbeiterzufriedenheit im Sinne einer satten, trägen Selbstzufriedenheit, die zu nichts führt als zu Stillstand und Verkrustung.

Es geht vielmehr um ein Klima der Leistungsbereitschaft und der Leistungsfreude; und dieses Klima - um nochmals Michael Hilti zu bemühen - erzeugt „als Ergebnis höhere Effizienz und Effektivität, sprich Produktivität, und steuert damit erheblich zu einem nachhaltigen wirtschaftlichen Erfolg des Unternehmens bei.“ (Hilti, 2007)

Die Werte des Unternehmens – das Fundament der Unternehmenskultur

Wir können wohl alle zustimmen, wenn gesagt wird, dass die Mitarbeiter die entscheidende Größe darstellen, welche den langfristigen Erfolg oder Misserfolg von Unternehmen bestimmt. Die besten Strategien, die besten Produkte, die besten Strukturen und Prozesse nützen nichts, wenn die falschen Mitarbeiter im Unternehmen arbeiten oder die richtigen Mitarbeiter an den falschen Positionen eingesetzt sind. Die Mitarbeiter sind der entscheidende Faktor für die Qualität der Umsetzung aller Maßnahmen und Prozesse sowie in der Folge für das Erreichen der Geschäftsziele, für die Fähigkeit des Unternehmens zur Veränderung, für Flexibilität und Anpassungsfähigkeit, für Kreativität und Innovation in allen Bereichen.

Nur erfolgreiche Mitarbeiter schaffen erfolgreiche Unternehmen. So erstaunt es nicht, dass jedes Unternehmen in seinem Leitbild beziehungsweise in seinen Führungsgrundsätzen - sofern es denn solche definiert hat - die Wichtigkeit und Bedeutung der Mitarbeiter hervorhebt und dies in entsprechenden Broschüren, mit Postern und mit anderen Materialen plakativ dokumentiert.

Doch leider sind, wie so oft im Leben, Worte und Taten selten deckungsgleich. Wissen und Erkenntnis finden sich nicht immer in entsprechenden Handlungen wieder - sonst hätten wir nicht so viele erschreckende Fälle und Berichte über die Anzahl „innerer Kündigungen“, über Dienst nach Vorschrift bis hin zur Arbeitsverweigerung, über demotivierte sowie physisch und psychisch kranke Mitarbeiter, über Massenentlassungen, über Egotrips und Selbstbedienung, über Vertrauensverlust in und gegenüber den Chefetagen.

Wenn aber die langfristigen Vorteile einer werteorientierten Unternehmensführung so offensichtlich sind, ist die Frage berechtigt, warum sich so viele Führungskräfte und Unternehmen derart schwer damit tun, werteorientiert zu führen.

Meines Erachtens mangelt es - zumindest partiell - am Vorliegen von drei wesentlichen Voraussetzungen, die für eine bewusste, werteorientierte Unternehmensführung immer gegeben sein müssen:

- Es ist dies erstens die Einsicht in die Notwendigkeit der Definition und der Kommunikation der angestrebten, langfristig geltenden Werte.

  Jeder Mensch hat eigene Werte; sie sind den meisten Menschen mehr oder weniger unbewusst, prägen allerdings in hohem Maße das persönliche Verhalten. Die ausdrückliche Definition der Werte eines Unternehmens rückt eben diese in das Bewusstsein jeder Führungskraft und jedes Mitarbeiters. Erst dadurch wird es dem Einzelnen möglich zu prüfen, ob es eine hohe Übereinstimmung zwischen den persönlichen Werten und den Werten des Unternehmens gibt. Nur dann wird der Mitarbeiter in der Lage und willens sein, sein Leistungspotenzial in einem hohen Maße auszuschöpfen.

- Zweitens sind es die Bereitschaft und die Fähigkeit, diese Werte auch wirklich zu leben, insbesondere als Führungskraft täglich vorzuleben.

Und dies nicht nur in wirtschaftlich blendenden Zeiten, sondern auch und vor allem dann, wenn sich das Unternehmen in schweren Gewässern bewegt.

- Drittens ist es die fehlende Konsequenz in den Fällen, in denen nachhaltig und gravierend entgegen vereinbarter Werte gehandelt wird.

  Geringe Werteorientierung - gute Resultate: Diesem Dilemma muss sich jedes Unternehmen stellen. Es wird immer wieder vorkommen, dass vereinzelte Führungskräfte, die, um es vorsichtig zu formulieren, nicht gerade als Vorbilder guter Führung gelten, durchaus beachtliche Resultate erzielen. Gerade in diesen Fällen muss sich eine werteorientierte Unternehmensführung klar positionieren.

  Wie im Sport, wo Verstöße gegen die Spielregeln im Extremfall mit Ausschluss bestraft werden, müssen auch in einem Unternehmen Verstöße gegen die Werte geahndet werden. Es ist wenig sinnvoll, allgemein verbindliche Werte zu definieren und zu propagieren, wenn diese in der Praxis dann lediglich als unverbindliche Angebote zur Wahl stehen. Das mag kurzfristig von Vorteil sein, doch langfristig werden verantwortungslos handelnde Führungskräfte dem Unternehmen, dessen Anspruch auf Werteorientierung und seiner Glaubwürdigkeit schweren Schaden zufügen.

  Die Empfehlung von Jack Welch für diesen Typ Manager (Bad values, good performance): „Move them out." (Welch & Welch, 2005)

Ständig mit Wertekonflikten umgehen zu müssen, macht eine sinnvolle und konstruktive Zusammenarbeit auf Dauer unmöglich. Hier ist Mut zur Auseinandersetzung gefragt. Leider wird nicht selten in solchen Fällen unter dem Gesichtspunkt der „Toleranz“ keine Entscheidung getroffen. Damit wird der gesamtheitliche Wertansatz unglaubwürdig gemacht. Toleranz aber gibt es nur bei Meinungen und nicht bei Fakten. Wer faktische Regelverstöße toleriert, egal bei wem, sorgt für Verwirrung und Unklarheit in Situationen, in denen konsequentes und mutiges Führungsverhalten gefragt ist. Das meint der Grundsatz „Verantwortung: entschlossen führen und handeln“, den ich im Kapitel 1 vorgestellt habe: Konsequenz in der Anwendung sorgt für Klarheit, Transparenz und Nachahmung.

„Wenn jemand andere Werte leben will, soll er sie dort leben, wo seine Werte ebenfalls gelebt werden. Eine solche Entscheidung täte der Wertigkeit dieser Person als solcher keinen Abbruch, doch er oder sie passt nicht in das Unternehmen.“ (Hilti, 2007)

Eine notwendige oder sinnvolle Trennung kann auf Veranlassung des Mitarbeiters oder des Unternehmens geschehen. Es dient beiden Seiten, auch wenn es zunächst meist als schmerzhaft empfunden wird. Wichtig dabei ist, dass Mitarbeiter bei einem vom Unternehmen veranlassten Trennungsprozess professionell begleitet und unterstützt werden.

Erst wenn man sich über diese Voraussetzungen und die daraus entstehenden Folgen im Klaren sowie bereit und willens ist, diese Folgen mit den notwendigen Konsequenzen zu tragen, erst dann sollte man sich mit werteorientierter Unternehmensführung eingehend beschäftigen.

Werteorientierte Unternehmensführung kann allerdings nicht einfach „von oben“ angeordnet werden, woraufhin diese dann kurzfristig quasi von selbst entsteht. Sie ist vielmehr das Ergebnis einer Entwicklung von langer Dauer, verbunden mit einem Prozess der ständigen Entwicklung, in dem stets nur auf dem tatsächlich Erreichten und auf dem in der Praxis Erlebten weiter aufgebaut werden kann.

Die Ergebnisse, nicht nur die von Hilti, zeigen allerdings deutlich: Es lohnt sich!

„Es kann keinen Zweifel daran geben, dass wesentliche Wurzeln der Überlegenheit der Hidden Champions in den Unternehmenskulturen und den Einstellungen ihrer Mitarbeiter liegen“ (Simon, 2007). Hidden Champions sind die in der Öffentlichkeit weithin unbekannten, oftmals mittelständischen Weltmarktführer.

Praxistipp: Werte

Es ist erfolgsentscheidend, dass die Werte Eingang in die täglichen Prozesse finden und diese konsequent angewendet werden.

Werte bestimmen das Verhalten von Menschen gegenüber anderen Menschen. Dabei spielt der soziale Kontext eine nicht unerhebliche Rolle. Es ist daher sinnvoll, die maßgeblichen Werte nach Anspruchsgruppen getrennt zu bestimmen. Die nachfolgende Tabelle (ebenso wie die Verteilung der Kreuze) soll dies lediglich als Prinzip zum Ausdruck bringen. Jede Organisation muss für sich entscheiden, wie sie gegenüber den jeweiligen Anspruchsgruppen wahrgenommen werden will, um letztlich erfolgreich zu sein.

	Kunden	Kapitalgeber	Mitarbeiter	……
Zuverlässigkeit	X	X	X	
Mut zu Veränderung	X		X	
Integrität		X	X	
Teamarbeit			X	
Hohes Engagement	X	X		
Verantwortungsbereit-schaft		X	X	
Wertschätzung			X	
………..				

Der Praxistransfer soll in diesem Buch am Beispiel von Führungsgrundsätzen dargestellt werden. Führungsgrundsätze verstehe ich hier als Formulierung von Werten, die das Verhalten der Führungskräfte gegenüber den Geführten, also der Anspruchsgruppe „Mitarbeiter", maßgeblich prägen.

Der Prozess der Wertedefinition als solcher ist bereits von Werten und Grundeinstellungen geprägt. Sollen Werte zum Beispiel top-down vorgegeben oder bottom-up erarbeitet werden?

Ich empfehle einen breit angelegten, iterativen Prozess, in den neben den Führungskräften explizit auch die Beschäftigten einschließlich - sofern vorhanden - des Betriebsrats eingebunden sind. Dass dieser Prozess von Anfang an durch umfassende Kommunikations- und

Informationsangebote begleitet sein muss, sei hier nur der guten Ordnung halber erwähnt. Nur über organisierte Teilhabe wird die Verbindlichkeit geschaffen, die notwendig ist, damit die Führungsgrundsätze akzeptiert und auch tatsächlich gelebt werden. Ein solcher Prozess kann wie folgt aussehen:

1. Auswahl und Fokussierung

   Dieser Grundsatz gilt auch hier. Um ein Verzetteln zu vermeiden, wird in einem ersten Schritt die maximale Anzahl zu definierender Werte festgelegt. Schaut man sich in der Praxis um, dann scheint eine Anzahl zwischen fünf und zehn Werten üblich zu sein. Ich persönlich tendiere zu fünf bis sieben Werten.

2. Der erste Wurf – top-down

   Die Personalabteilung erarbeitet in Abstimmung mit der Geschäftsleitung eine Initialliste von zwanzig bis vierzig Werten als Ausgangspunkt einer breiteren Diskussion.

3. Erste Diskussionen im Führungskreis

   In Interviews und/ oder Workshops mit dem Führungsteam werden aus dieser Initial-Liste jene zehn bis fünfzehn Werte herausgearbeitet, die für die Zukunft als ganz besonders wichtig erachtet werden – und zwar sowohl in Bezug auf die Frage, wie sie führen als auch auf die Frage, wie sie selbst geführt werden möchten.

Da Werte in einem hohen Maße abstrakt sind, ist es hilfreich, diese zehn bis fünfzehn Werte bereits in diesem Stadium mit einigen ergänzenden Begriffen zu erläutern.

Beispiel Wertschätzung: Darunter verstehen wir Respekt, Gewährung von Freiräumen, Übertragung von Verantwortung, Anerkennung von Leistung.

4. Input der Mitarbeiter

   Die Mitarbeiter wählen in einem geeigneten Verfahren (interne Besprechungen, Workshops, Online-Abstimmungen o.ä.) aus der Top-10- bzw. Top-15-Liste jene drei bis fünf Werte aus, die ihnen am wichtigsten sind. Es ist sinnvoll, dass die Mitarbeiter auch Anmerkungen und Ergänzungen zu den erläuternden Begriffen äußern können.

5. Entscheidung der Geschäftsführung
   Die Geschäftsleitung entscheidet - ggf. zusammen mit dem Führungsteam - in Anbetracht der Ergebnisse aus den Schritten 3. und 4. und legt die Werte fest, die letzten Endes die Führungsgrundsätze für das Unternehmen prägen sollen.

6. Feinschliff der Formulierung und Entscheidung
   Das Führungsteam bzw. eine Arbeitsgruppe aus dem Führungsteam formuliert die einzelnen Führungsgrundsätze sowie deren Erläuterungen aus. Die Geschäftsleitung entscheidet anschließend und legt die Führungsgrundsätze damit verbindlich fest.

Beispiele:

- **Wertschätzung**....
  ..... heißt respektvoll miteinander umgehen, Verantwortung übertragen, Leistung anerkennen und konstruktiv zusammenarbeiten.

- **Verantwortungsbereitschaft** ....
  .... bedeutet Entscheidungsspielräume nutzen, delegieren, für die Ergebnisse einstehen und aus Fehlern lernen.

- **Kommunikationsbereitschaft** ....
  .... heißt ansprechbar sein, aktiv zuhören, einen offenen und stetigen Dialog führen sowie Informationen adressatengerecht weitergeben.

7. Information
   Wenn die Werte auf diese Art und Weise definiert sind, dann gilt es, sie in geeigneter Form bekannt zu machen. Die wirkungsvollste Art der Kommunikation ist und bleibt die persönlich unmittelbare Kommunikation. Dies kann - top down - in Betriebsversammlungen geschehen oder in Abteilungsbesprechungen, bis hin zur Vorstellung und Diskussion der Werte auf der Ebene eines Teams.

   Es können auch moderne Mittel der Kommunikation wie Web-Konferenzen, Videobotschaften, Webinare u.v.a.m. genutzt werden.

Nicht zu unterschätzen sind auch Plakate, Aushänge, Aufsteller, Bürotassen, Mousepads etc. Alle Maßnahmen und Affirmationen sind zielführend, die dabei helfen, die Führungsgrundsätze immer wieder in Erinnerung und ins Bewusstsein zu bringen.

Der Prozess der Wertedefinition ist damit abgeschlossen. Natürlich sollen auch die Führungskräfte entsprechend geschult werden. Dafür ist es in diesem Stadium allerdings zu früh. Und gelebt werden die Werte auch noch nicht.

Diese Themen sind Gegenstand der „Praxistipps“ der nächsten Kapitel.

Die unternehmerische Existenzberechtigung – Die Mission des Unternehmens

Ein Schiff, das seinen Hafen nicht kennt, für das ist kein Wind günstig. (Seneca)

Ein entscheidender Schritt, um die Grundlage für eine Unternehmensstrategie zu schaffen, ist die Formulierung eines klaren Unternehmenszwecks – die unternehmerische Mission. Nur wenn Sie eine Idee davon haben, wozu Ihr Unternehmen existiert und wohin Sie gehen wollen, sind Sie in der Lage, einen strategischen Plan zu entwickeln, um Ihre Ziele zu erreichen. Ein klares und von allen Mitarbeitern geteiltes Verständnis vom Zweck des Unternehmens hilft den Führungskräften und den Mitarbeitern dabei, die entscheidenden Geschäftsprozesse zu verstehen. Ein eindeutig definierter Zweck gibt Antwort auf viele Fragen:

- Wofür stehen wir?
- Was sind wir? Was wollen wir sein?
- Was wollen wir nicht sein?
- Was ist unser Produkt, unsere Dienstleistung?
- Welchen Nutzen hat unser Kunde von unserem Produkt oder von unserer Dienstleistung?
- Was ist unser Markt?

Ein Unternehmenszweck gibt nicht nur eine Richtung für die Organisation vor, sondern erzeugt zudem den Antrieb, die organisatorischen Ziele anzugehen. Mitarbeiter wollen nicht einfach nur wissen wohin sich das Unternehmen bewegt. Sie wollen auch wissen, warum das Unternehmen dies tut. Das ist der natürliche Motivationsschub in jedem Menschen. Jeder Mensch möchte, dass sein Leben einen Zweck und eine tiefere Bedeutung hat.

Die meisten Mitarbeiter geben sich nicht länger nur mit einem guten Gehalt zufrieden. Sie erwarten mehr von ihrer Arbeit. Die Fähigkeit des Unternehmens, diese Bedürfnisse nach Sinn zu adressieren, wird den Erfolg entscheidend dahingehend bestimmen, in welchem Ausmaß sie talentierten Nachwuchs als Fach- und Führungskräfte finden und halten können.

Aufgrund einer klaren Mission wissen die Mitarbeiter worauf es ankommt und können sich auf diese Aufgabe konzentrieren und fokussieren; sie können proaktiv handeln anstatt nur zu reagieren. In Zeiten des raschen Wandels ist dieses Wissen um die grundsätzliche Ausrichtung des Unternehmens eine unabdingbare Voraussetzung, um agil und in weitgehender Eigenverantwortung Entscheidungen treffen zu können.

Ein weiterer Vorteil einer wirksam formulierten Mission ist es, dass die Mitarbeiter, die die Unternehmensmission kennen und ein Verständnis davon haben, warum sie etwas machen, in der Lage sind, ihre Produktivität auch in Phasen höherer Belastung aufrecht zu erhalten - eben weil sie den Sinn ihres Tuns kennen.

Das Wissen um den Unternehmenszweck und um die Mission des Unternehmens sowie das Verstehen derselben, hilft jedem Einzelnen dabei, in einem Team zu arbeiten, sich auf diesen Zweck zu konzentrieren und dabei auftauchende Hindernisse zu überwinden.

Eine klare Mission beschreibt den Unternehmenszweck nicht nur in den engen Begriffen der angebotenen Produkte oder der Dienstleistungen, sondern im weiteren Sinne auch dahingehend, was und wer den Markt für dieses Produkt umfasst, wie das Produkt dem Kunden nutzt und wie das Unternehmen vom Erfolg profitieren wird. Das Erkennen der Mission des Unternehmens erlaubt es jedem einzelnen Mitarbeiter unabhängig von der jeweiligen Position, seine Rolle zu verstehen, und wie seine Arbeit zum Erreichen der Gesamtziele beiträgt.

Die Frage, ob Unternehmen Erfolg haben oder scheitern, hängt in großem Maße von ihrer Fähigkeit ab, für ihre Kunden Mehrwert zu generieren. Eine klare, fokussierte und einzigartige Wertschöpfung für den Kunden lässt genau erkennen, welche Märkte die Organisation anvisieren wird und welche nicht. Die Wertschöpfung für den Kunden zeigt zudem auf, welche Produkte und Dienstleistungen ein Unternehmen anbieten und welche es nicht anbieten wird.

Eine klar formulierte Mission mit einem einzigartigen Mehrwert für Kunden wird eine deutlich effektivere Strategie zur Folge haben, als dies ohne eine solche Mission der Fall ist. Eine klare Wertschöpfung für Kunden sorgt zudem für einen exzellenten Bezugsrahmen, um eine in sich konsistente Strategie zu entwickeln. Alle strategischen Ziele müssen hinsichtlich der Frage bewertet werden, wie sie sich auf die Wertschöpfung des Kunden auswirken. Trägt das strategische Ziel zur Wertschöpfung bei Kunden bei und erhöht sie diese? Wenn dies nicht der Fall ist, dann ist es gut möglich, dass es sich tatsächlich nicht um ein strategisches Ziel handelt.

Die Verankerung gemeinsamer Werte, der Mission und einer Vision (s.u.) auf allen Ebenen erfordert Geduld und eine langfristige Perspektive. Doch am Ende wird das Ergebnis ein hohes Maß an Engagement und eine Beteiligung aus vollem Herzen von jedem einzelnen Mitarbeiter sein. Die Formulierung einer Mission für das Unternehmen ist der grundlegend notwendige Baustein, um eine erfolgreiche Unternehmenskultur zu schaffen. Ohne eine solche Ausrichtung kann sich ein Unternehmen nicht systematisch und zielführend weiterentwickeln.

Für die Mühen, einen klaren strategischen Zweck für das Unternehmen zu bestimmen, werden das Führungsteam und die Mitarbeiter, die auf dessen Führung vertrauen, mit einer stabilen, nachhaltigen Struktur für künftige Leistungen belohnt werden. Genauso wie die Stärke eines Fundaments die Höhe des Gebäudes bestimmt, so bestimmt ein eindeutiger Unternehmenszweck die Zukunft des Unternehmens.

Praxistipp: Mission

Anders als die Formulierung der Werte, die aus den benannten Gründen unbedingt unter Beteiligung der Mitarbeiter erarbeitet werden sollten, ist die Formulierung einer kraftvollen Mission keine basisdemokratische Veranstaltung. Sie ist vielmehr der Ausdruck des unternehmerischen Willens, der die Unternehmensausrichtung in großen Zügen vorgibt.

Das bedeutet andererseits keinesfalls, dass es sich bei der Formulierung der Mission um die einsame Entscheidung einer einzelnen Person handeln sollte. Die Einbeziehung des (erweiterten) Führungsteams für die Erarbeitung einer Mission ist meines Erachtens unabdingbar. Sie dient einer fundierten Meinungsbildung und einer hinreichenden Basis für ein gemeinsames Verständnis. Beide Aspekte sichern letzten Endes die Akzeptanz der Mission.

Eine gutes Statement einer Mission liefert Antworten auf folgende Fragen:

- Wozu existiert unser Unternehmen? Was sind wir und was wollen wir sein? Was wollen wir nicht sein?
- Was ist unser Produkt bzw. unsere Dienstleistung? Was ist unser Alleinstellungsmerkmal? Was macht uns einzigartig und unterscheidbar im Vergleich zu den Wettbewerbern?
- Was ist unser Markt? Wer sind unsere Kunden? Wer sind unsere Nicht-Kunden? Wie stellen wir unser Produkt und unsere Dienstleistung dem Markt zur Verfügung?

- Wie profitiert der Kunde von unserem Produkt und unserer Dienstleistung? Welchen Nutzen hat der Kunde tatsächlich?

- Wie profitiert unser Unternehmen von einer erfolgreichen Vermarktung unseres Produkts und unserer Dienstleistung?

Hier nun eine mögliche Vorgehensweise zur persönlichen Vorbereitung auf einen Workshop im Führungsteam:

- Wählen Sie ein Wort oder einen Satz aus, von dem Sie glauben, dass es bzw. er die Erfüllung des Unternehmenszwecks gut beschreibt.

- Dann schreiben Sie in einem zweiten Schritt in wenigen Worten auf, was dieses Wort oder dieser Satz für Sie persönlich bedeutet.

- Diskutieren Sie die jeweils erarbeiteten Texte mit Ihren Mitarbeitern um deren Meinung kennenzulernen.

Auf diese Weise sind Sie optimal vorbereitet, um im Führungsteam das *Mission Statement* zu formulieren, das für das Unternehmen am besten geeignet erscheint.

Die unternehmerische Vision

„Wenn das Leben keine Vision hat, nach der man strebt, nach der man sich sehnt, die man verwirklichen möchte, dann gibt es kein Motiv, sich anzustrengen." (Erich Fromm[22])

Eine unternehmerische Vision ist ein klares Bild der Geschäftsführung und des Führungsteams davon, was das Unternehmen in der Zukunft sein wird. Eine motivierende Vision gibt eine Richtung vor und erzeugt Leidenschaft. Wie ein Leuchtturm erhellt eine Vision, anstatt zu begrenzen; sie setzt Potenzial frei und schafft Möglichkeiten.

Ohne eine klare Vision, die von den Führungskräften des Unternehmens definiert und erarbeitet wird, entwickelt sich eine Unternehmenskultur zu einer Kultur von Verwirrung, Unordnung und zu einer ungesteuerten Lizenz dafür, dass Mitarbeiter ihre eigene Agenda verfolgen. Das ist es, was Peter Drucker meinte: "Only three things happen naturally in organizations: friction, confusion, and underperformance. Every-thing else requires leadership."[23]

Mit einer Vision wird ein kraftvolles mentales Bild erzeugt, welches reflektiert, was die Führungskräfte am meisten beschäftigt. Die Vision zeigt auf, wie die Mission des Unternehmens aussieht und wie diese mit den Werten in Einklang gebracht wird.

Obwohl die Vision nur ein Teil der zukunftsorientierten Ausrichtung ist, wirkt sie sich wesentlich auf die anderen

---

[22] http://www.unternimm-die-zukunft.de/de/zum-grundeinkommen/erich-fromm/ 19.02.2018, 10.50 Uhr

[23] Peter Drucker: https://journal.accj.or.jp/peter-drucker-on-leadership/ 19.02.2018, 11.00 Uhr

normativen Elemente der Unternehmensführung aus, vor allem aber auf alle Unternehmensprozesse. Die Wirkungen im Einzelnen sind:

- Visionen stiften Sinn: Sie zeigen Verbindungen und Zusammenhänge zwischen Handlung und Wirkung auf und bilden den Rahmen für die strategischen Ziele.

- Sie geben Orientierung und erleichtern dadurch die Umsetzung von Vorhaben, gerade auch von längerfristigen.

- Handlungen und Ressourcen werden auf die angestrebte Vision fokussiert.

- Visionen sind Bindeglieder zwischen Menschen. Sie heben Gemeinsamkeiten hervor und überbrücken Konflikte.

- Visionen motivieren: Durch die Beschreibung einer wünschenswerten Zukunft haben die Menschen ein Bild vor Augen, das die Anstrengungen der Umsetzung lohnt.

Die nachfolgenden Eigenschaften eins bis fünf beschreiben formale Anforderungen, während die Eigenschaften sechs bis acht inhaltliche Ansprüche an Visionen stellen. Die Abfolge der Eigenschaften stellt keine Aussage über deren Wichtigkeit dar.

Um die oben genannten Wirkungen zu zeigen, sollten grundsätzlich alle Eigenschaften erfüllt sein. Allerdings ist z.B. die Festlegung eines Zeithorizonts (s.u.: Eigenschaft Nr. 2) zwar eine hilfreiche Einordnung, wird aber unter Umständen erst im Zuge des Umsetzungsprozesses genau definiert. Hingegen wird die institutionelle Verankerung (s.u.: Eigenschaft Nr. 3) als essenziell betrachtet, da sie Einfluss auf die Ausprägung fast aller anderen Eigenschaften hat.

Auch besteht ein Zusammenhang zwischen der Komplexität einer Vision und der Ausprägung der Eigenschaften. Vor allem die Anforderungen an die anschauliche Darstellung (s.u.: Eigenschaft Nr. 4), die persönliche Herausforderung (s.u.: Eigenschaft Nr. 6) und die Anforderung, dass Visionen gemeinschaftlich geteilt werden sollten (s.u.: Eigenschaft Nr. 7), werden mit steigender Komplexität schwieriger zu erfüllen sein. Von daher gibt es nicht die eine Blaupause, wie genau der Prozess der Visionserstellung und -umsetzung ablaufen muss. Der Prozess ist vielmehr von den Gegebenheiten im jeweiligen Unternehmen abhängig.

Praxistipp: Vision

Die aufgeführten Eigenschaften sind daher als Hinweise und Tipps für die Formulierung wirkungsvoller Visionen zu verstehen.

1. **Für die Zielgruppe definiert**

   Aus einer Vision muss deutlich erkennbar sein, auf welche Zielgruppe sie sich bezieht. Es muss ersichtlich werden: Um wessen Zukunft geht es? Wer wird mit der Vision angesprochen?

2. **Festgelegter Zeithorizont**

   Eine Vision sollte innerhalb eines bestimmten Zeitraumes erreichbar sein – und dieser Zeitraum sollte klar kommuniziert werden. Aus der Zweckbestimmung der Vision wird der Zeitraum langfristiger Natur sein und kann durchaus fünf bis zehn Jahre abdecken.

3. **Institutionelle Verankerungen**

   Die Rollen und die Vorbildfunktionen von Führungskräften hinsichtlich der Vision und ihrer Umsetzung sind naturgemäß sehr wichtig. Ebenfalls wichtig, bei direktem Einfluss auf die Qualität der anderen Eigenschaften, ist es, die Verankerung der Vision in der Organisation des Unternehmens, in die sonstigen Strukturen sowie in die Prozesse deutlich zu kommunizieren und somit die Umsetzung sicherzustellen.

4. **Anschauliche Darstellung**

   Um als wünschens- und erstrebenswert wahrgenommen zu werden, sollten Visionen so anschaulich wie möglich dargestellt werden. Der Adressat sollte die Zukunft vor seinem geistigen Auge sehen können.

   - Wie sieht das Unternehmen in der Zukunft aus und was ist meine Rolle darin?
   - Ist erkennbar, warum genau diese Vision angestrebt wird?

Eine Vision kann als Text, als grafische Darstellung oder als eine Kombination aus beidem dargestellt werden. Grafische Darstellungen sind förderlich für das Verständnis komplexer Zusammenhänge.

5. Positive Formulierung

Am Ende ist es eine Frage der inneren Haltung.

Angst vor Niederlage und Verlust kann eine durchaus starke Motivation auslösen. Eine negative Sicht auf die Zukunft lässt die Menschen allerdings in permanenter Sorge vor schlimmen Ereignissen leben; ihre Gedanken richten sich nur auf die Verhinderung solcher Ereignisse. Weitsicht und Kreativität werden gelähmt. Positive Visionen hingegen fokussieren den Blick auf eine wünschenswerte Zukunft.

Die Kernaussagen sind:

- Was wollen wir erreichen?
- Wie wünschen wir uns unsere Zukunft?

Eine solcherart formulierte Vision wirkt sich auch positiv auf die Einstellung und Haltung jedes Mitarbeiters aus: Sie fokussieren auf Lösungen anstatt auf Probleme!

Die Eigenschaften 1 bis 5 beschreiben eher formale Anforderungen an wirkungsvolle Visionen. Doch es geht natürlich vor allem um folgende Inhalte:

6. Persönliche Herausforderungen

Gut formulierte Visionen adressieren Zukunftsaspekte, die im Idealfall für jeden Mitarbeiter eine motivierende persönliche Herausforderung darstellen.

- Was ist das, was wir uns für die Zukunft wünschen?
- Welcher Sinn steht hinter der Entwicklung?
- Was erreicht zu haben, würde uns wirklich stolz machen? Was fordert uns wirklich heraus?
- Was haben wir bisher immer verworfen, weil es unerreichbar schien? Was würden wir erreichen wollen, wenn wir keine Angst hätten?
- Welche Kundengruppen gewinnen und binden wir mit welchen Produktgruppen und Anwendungslösungen?
- Worauf basiert primär die Wirtschaftlichkeit unseres Unternehmens?
- Wie und womit erzielt unser Unternehmen eine hohe Kundenzufriedenheit?

- Wodurch unterscheidet sich unser Unternehmen positiv von den Wettbewerbern?
- Inwiefern bietet unser Unternehmen den Mitarbeitern eine Zukunftsperspektive?
- Und vor allem: Haben wir einen persönlichen Bezug zur Zukunft?

Kann eine Vision diese Fragen beantworten, so spiegelt sie die Vorstellungen und Wünsche der Menschen angemessen wider.

7. Gemeinschaftlich geteilt (Commitment)

Visionen gelten als gemeinschaftlich geteilt, wenn sie von der Zielgruppe akzeptiert und getragen werden. Kommunikation ist ein Schlüssel hierzu. Wie bei einem Mosaik sind Visionen im Idealfall ein in sich stimmiges Bild, das sich bei näherer Betrachtung aus vielen individuellen Visionen zusammensetzt. Geteilte Visionen vereinen die Gemeinsamkeiten vieler unterschiedlicher Vorstellungen über die Zukunft - sind aber mehr als nur der kleinste gemeinsame Nenner.

Wenn die Vision als Bindeglied zwischen Menschen funktionieren soll, ist die Einbeziehung der unterschiedlichen Zukunftsvorstellungen unerlässlich.

8. Anpassungsfähig

Durch alle bereits beschriebenen Eigenschaften haben Visionen einen verbindenden und verbindlichen Charakter. Die Vision sollte allerdings nicht so starr formuliert sein, dass sie bereits morgen Makulatur ist. In ihrer Orientierung auf das Erreichen einer gewünschten Zukunft gleicht die Vision einer Reise, deren Ziel bekannt, aber deren Weg offen ist. Erfahrungen während dieser Reise erweitern den persönlichen Horizont und es kann vorkommen, dass es sinnvoll ist, eine andere Route zu wählen. Dies gilt auch für Vorstellungen über die Zukunft. Dadurch bleiben sie lebendig und können auch Impulse veränderter Rahmenbedingungen aufnehmen - ein Schlüssel für agile Organisationen.

Der Dreiklang aus Werten, Mission und Vision gibt dem Unternehmen die Ausrichtung und schafft somit die Voraussetzung für Agilität. Erst durch das Wissen um die Unternehmensausrichtung ist jeder Mitarbeiter in der Lage, rasch und flexibel auf Einflüsse zu reagieren und insbesondere bei Kundenanforderungen im Sinne des Ganzen zu entscheiden. Das sichert durch kurze Entscheidungswege rasche und im wahrsten Wortsinne sinnvolle Entscheidungen. Neben diesen Vorteilen in der Sache fördert eine klare Unternehmensausrichtung die Eigenverantwortung jedes einzelnen Mitarbeiters. Dies wirkt sich wiederum positiv auf die Motivation der Mitarbeiter aus.

Weitere Aspekte der Unternehmenskultur – Organisation und sonstige Strukturen

Auf der Basis der **Grundannahmen**, die über die normative Ebene der Unternehmensführung (Unternehmenswerte, Mission und Vision) bewusstgemacht und formuliert wurden, wird auf der Ebene der Artefakte die Unternehmenskultur - auch für Außenstehende – sicht- und erlebbar.

Abbildung 9: Kulturebenen-Modell in Anlehnung an Edgar Schein (Schein, 1985)

Bei den sichtbaren **Artefakten** handelt es sich um Strukturen (Organigramm), Prozesse, sichtbare Verhaltensweisen, aber auch um weitere, konkretisierende und oftmals schriftlich fixierte Führungsgrundlagen, wie zum Beispiel

- Unternehmenspolitik,
- Unternehmensgrundsätze oder Unternehmensleitlinien u.ä. sowie
- Führungsrichtlinien.

Solche konkretisierenden Führungsgrundlagen sind vor allem dann notwendig, wenn die Werte, die Mission und die Vision auf einem hohen Abstraktionsniveau formuliert sind. Diese „Statements" laufen ansonsten Gefahr, von den Mitarbeitern nicht verstanden oder als zu abgehoben und zu weit von der erlebbaren Praxis entfernt wahrgenommen zu werden. In beiden Fällen werden solcherart formulierte Werte, die Mission und die Vision nicht akzeptiert werden.

Es kann aber auch vorkommen, dass sie zwar grundsätzlich verstanden, aber von jedem bewusst oder unbewusst anders interpretiert werden. So wird kein vernünftiger Mensch etwas gegen Kundenorientierung einwenden. Wenn es allerdings an die konkrete Ausgestaltung geht, dann werden die Meinungsunterschiede offen zutage treten.

Abstrakte Begriffe müssen also konkretisiert werden, damit sich nicht jeder die „Rosinen herauspicken" und weiterhin seine eigene Agenda bearbeiten kann. Der Zweck und die Absicht der normativen Elemente der Unternehmensführung - Werte, Mission und Vision - wären dann verfehlt: Nämlich die fokussierende Wirkung auf das Erreichen der Unternehmensziele und damit auf den unternehmerischen Erfolg. Eine solche Unternehmensführung stünde auf brüchigem Fundament und würde mit hoher Wahrscheinlichkeit scheitern.

Zur Unterstützung der Arbeit an den normativen Elementen der Unternehmensführung habe ich einschlägige Informationen auf den Webseiten einiger Hidden Champions für die geneigten Leserinnen und Leser recherchiert.

Die Liste ist weder vollständig noch sollen mit der Nennung oder der Reihenfolge der Nennungen Werturteile über Qualität oder Inhalt der adressierten Aspekte abgegeben werden.

Sie dienen einzig der kritischen Reflexion der Inhalte dieses Kapitels, damit Sie für sich und Ihr Unternehmen die „richtigen" und für Sie relevanten normativen Elemente der Unternehmensführung wirkungsvoll formulieren können:

- Bechtle AG
  https://www.bechtle.com/about-bechtle/company

- dormakaba Deutschland GmbH
  https://www.dormakaba.com/de-de/ueber-uns/marke/unser-markenversprechen-89362

- FUCHS PETROLUB SE
  https://www.fuchs.com/gruppe/unternehmen/das-unternehmen/leitbild/

- Alfred Kärcher Vertriebs-GmbH
  https://www.kaercher.com/de/inside-kaercher/unternehmen/ueber-kaercher.html

- MANN+HUMMEL
  https://www.mann-hummel.com/de/das-unternehmen/wir-ueber-uns/mission-und-vision/

- MULTIVAC Sepp Haggenmüller SE & Co. KG
  https://de.multivac.com/de/multivac/mission/

- J. Schmalz GmbH
  https://www.schmalz.com/de/unternehmen/profil/

- ANDREAS STIHL AG & Co. KG
  https://www.stihl.de/verantwortung.aspx

- Uhlmann Pac-Systeme GmbH & Co. KG
  https://www.uhlmann.de/de/unternehmen/kultur-und-werte.html#c25

- Wanzl Metallwarenfabrik GmbH
  https://www.wanzl.com/de_DE/unternehmen/leitbild/

- Zumtobel Group AG
  http://www.zumtobelgroup.com/en/corporate_values.htm

Sie werden feststellen, dass die überwiegend mittelständischen Hidden Champions zum Teil recht unterschiedliche Lösungen gefunden haben.

Gemein ist ihnen allen die auf Erfahrung beruhende Überzeugung, dass die jeweiligen normativen Elemente der Unternehmensführung großen Einfluss auf die Strategieformulierung und auf die Strategieumsetzung haben. Sie tragen auf diese Weise maßgeblich zum Erfolg der Hidden Champions bei.

So wie man kein Produkt nur nach seiner werblichen Darstellung beurteilen sollte, so sollte man keine Firma allein nach ihren formulierten Werten, der Mission und der Vision, oder gar nur nach ihren Employer-Branding-Aktivitäten beurteilen.

Es kann nicht oft genug betont werden, dass die Elemente auf der normativen Ebene der Unternehmensführung im Tagesgeschäft erkennbar und erlebbar sein müssen.

Eine interessante Frage im Vorstellungsgespräch, bei einem Audit oder im Gespräch mit Kollegen oder Mitarbeitern könnte z.B. lauten: „Können Sie mir ein oder zwei Beispiele nennen, wie sich Ihre Vision im Alltag auswirkt?" Je länger das Schweigen dauert, desto mehr ist gesagt!

Einige wenige Beispiele von den Hidden Champions zum Abschluss dieses Kapitels sollen Sie mit typischen Fragestellungen vertraut machen, um Sie vor leeren Worthülsen zu bewahren:

- *„Wir haben hochzufriedene und begeisterte Kunden."*

  Ist diese Aussage belastbar anhand von Kundenzufriedenheitsumfragen, Reklamationsstatistiken, Rücknahmequoten u.ä.?

- *„Vertrauen, Loyalität, Transparenz, Fairness, Zuverlässigkeit, Achtung und Respekt prägen das Verhältnis von Kärcher gegenüber den Mitmenschen nach innen und außen."*

  Wie nehmen die Mitarbeiter diese Werte wahr? Gibt es Mitarbeiterumfragen, die hierfür Umsetzungsbelege liefern? Wie geht die Firma mit Führungskräften um, die ihre Mitarbeiter erkennbar anders behandeln?

- *„Innovationen sind unsere Profession."*

  Was sind Innovationen? Wie hoch ist der Anteil neuer Produkte am Gesamtumsatz?

- *„... eine einzigartige Unternehmenskultur gewachsen. Dafür stehen unsere drei Kernwerte Passion, Performance und Partnership."*

  Welche Performance- bzw. Leistungsmessungen gibt es? In welchen Bereichen finden sie statt? Wie stellen Sie sicher, dass hohe Leistungsziele vereinbart werden? Wie profitieren Mitarbeiter von der Erreichung hoher Leistungsziele?

- *„Das tun wir auf Basis unserer Unternehmenswerte, die als Leitlinien für unser Handeln gegenüber ..., unseren Mitarbeitern ... dienen. Diese Werte sind: ....Leadership / Führung ..."*

  Was bedeutet das konkret? An welchen Kriterien machen Sie die Führungsqualität fest? Wie messen Sie diese? Wie stellen Sie Führungsqualität sicher?

Nehmen Sie diese Anregungen auf und formulieren Sie Ihren eigenen Weg für Ihr Unternehmen, ganz im Sinne des berühmten Schriftstellers George Bernhard Shaw:

„Diejenigen, die in der Welt vorankommen, gehen hin und suchen sich die Verhältnisse, die sie wollen, und wenn sie sie nicht finden, dann schaffen sie sie."

Im nächsten Kapitel geht es um die Strategie im engeren Sinne. Bei der Unternehmensstrategie wird es schon deutlich konkreter: Welche Handlungspläne hat das Unternehmen, um die gewollten Verhältnisse zu gestalten, wenn es sie denn schon nicht vorfindet.

Zusammenfassung

Viele werden die folgende Aussage aus dem Mund erfahrener und leidgeprüfter Recruiter oder Personaler schon einmal in dieser oder jener Abwandlung gehört haben: „We hired them for their abilities and fired them for their personality.“

Was auf der einen Seite für den einzelnen Mitarbeiter gilt, gilt auf der anderen Seite analog auch für die Organisation.

Betrachtet man die technologischen und prozessualen Fähigkeiten eines Unternehmens als dessen „ability“, so repräsentiert die normative Ebene eines Unternehmens dessen „personality“.

Mission, Vision und Werte als die wesentlichen Merkmale dieser Unternehmenspersönlichkeit wirken meist im Verborgenen - aber sie wirken. Die Mitarbeiter merken dies oftmals erst dann, wenn Merkmale fehlen oder nicht hinreichend ausgeprägt sind. Dann stellt sich regelmäßig ein diffuses Gefühl der Unzufriedenheit ein, ein Gefühl des Mangels. Es fehlt an Orientierung und damit nicht selten auch am Gefühl der Sinnhaftigkeit.

Dies muss nicht auf das Gesamtunternehmen bezogen sein. Immer wieder erlebe ich es in Workshops, dass diese Unzufriedenheit durchaus auch in einzelnen Abteilungen auftaucht. „Was ist eigentlich unsere Rolle im Unternehmen?“ „Wofür stehen wir eigentlich?“ „Was ist unser Beitrag zum Ganzen?“ Das sind Fragen, die zum Beispiel auf das Fehlen einer „Mission“ für eine Abteilung hinweisen.

Die sichersten, weil sichtbarsten Hinweise für das Vorliegen einer bestimmten Unternehmenskultur bilden jedoch die sogenannten Artefakte. Es sind dies wahrnehmbare Ergebnisse von Entscheidungen und Handlungen, die auf Werten und anderen Grundannahmen beruhen. Schulen Sie Ihren Blick für diese Dinge, und - frei nach Adolf Friedrich Ludwig Freiherr von Knigge - beurteilen Sie die Unternehmen nicht nach dem, was sie reden, sondern nach dem, was sie tun.

Achten Sie einmal auf die nachfolgenden Artefakte und unterstellen Sie dabei, dass das, was Sie wahrnehmen, selten zufällig entstanden ist, sondern nahezu immer das Ergebnis von mehr oder weniger bewussten Entscheidungen ist:

- Wie werden Gäste im Unternehmen empfangen?
- Wie sieht die Parkplatzordnung aus?
- Wie sind die Büroräume gestaltet?
- In welchem Bereich ist die Geschäftsführung untergebracht?
- Wie sind die Büroräume ausgestattet?
- Was hängt an den Wänden bzw. in den Aushängen?

Kapitel 4 - Die strategische Ebene der Unternehmensführung: Die Strategie im engeren Sinne

„Wenn du dich und den Feind kennst, brauchst du den Ausgang von hundert Schlachten nicht zu fürchten. Wenn du dich selbst kennst, doch nicht den Feind, wirst du für jeden Sieg, den du erringst, eine Niederlage erleiden. Wenn du weder den Feind noch dich selbst kennst, wirst du in jeder Schlacht unterliegen.“
(Sunzi: Die Kunst des Krieges)

Strategische Unternehmensführung bezeichnet den Zweig der Betriebswirtschaftslehre, der sich mit dem Zweck und der Ausrichtung von Unternehmen sowie der Entwicklung, Planung und Umsetzung inhaltlicher Ziele beschäftigt.

Die Zeithorizonte im strategischen Management strecken sich in der Regel auf zwei bis fünf Jahre, in Abhängigkeit von der Branche teilweise auch weiter. Dabei ist strategisch nicht mit langfristig gleichzusetzen. Nicht alles, was langfristig ist, ist auch strategisch.

Strategisch im hier verstandenen Sinne sind Planungsansätze, wenn sie neben den aktuellen **Kernkompetenzen** auch künftige **Erfolgspotenziale** einbeziehen. Unternehmensstrategie zielt demnach auf die Erhaltung bestehender Kernkompetenzen sowie auf den Aufbau neuer Erfolgspotenziale unter Berücksichtigung der damit verbundenen langfristigen Auswirkungen auf Ertrag und Liquidität des Unternehmens.

Eine typische strategische Fragestellung lautet demnach: „Was müssen wir heute tun, damit wir auch morgen noch Erfolg haben werden?"

Die Strategie ist demnach das Ergebnis eines Analyseprozesses. Der Analyseprozess führt zu den Erkenntnissen, die zielgerichtetes, strategisches Handeln erst ermöglichen, nämlich zu Erkenntnissen

- über das eigene Leistungsvermögen, die Kernkompetenzen des Unternehmens;
- über den Markt und den Wettbewerb;
- über weitere Analysefelder (Anspruchsgruppen und Umweltsphären: siehe Kapitel 2) wie zum Beispiel die Technologische Entwicklung (Informationstechnologie, neue Materialien, neue Verfahren, auch in angrenzenden Bereichen).

Die sinnvolle und intelligente Kombination der so gewonnenen Erkenntnisse zeigt dem Unternehmen die Erfolgspotenziale und Handlungsalternativen auf.

Zur Erinnerung: Strategie als Teil des Managements und der Unternehmensführung ist eine praktische Angelegenheit. „Management ist Praxis und nicht so sehr eine Wissenschaft. [...] Es ist nicht Wissen, sondern Ausführung [...] Seine Praxis basiert sowohl auf Wissen wie auf Verantwortung" (Drucker, 2009, S. 55).

Der Kern der Strategie ist zweifellos die Umsetzung des strategischen Aktionsplans. Wenn sich Unternehmen also erstmals mit einem systematischen Prozess der Strategieentwicklung befassen, dann ist es daher meist zielführender, mit wenigen oder gar nur einem Analysebereich anzufangen. Dieser sollte aber in der Folge vollumfänglich abgearbeitet und die gewonnenen Erkenntnisse sollten konsequent umgesetzt werden. Dies meint nicht zuletzt der Grundsatz „Auswahl und Fokussierung“ aus Kapitel 1 und gilt auch für den Prozess der Strategieentwicklung.

Der Zweck der Unternehmensstrategie

Für jedes Unternehmen ist es unstreitig erforderlich und völlig „normal“, zu wachsen, nach höherer Produktivität und Effizienz zu streben sowie innovativ zu sein. Dies sind elementare Bestandteile des Wettbewerbs auf den Märkten. Verschließt sich ein Unternehmen zu lange den Veränderungen des äußeren Umfelds, dann fällt die Ertragsmarge unter ein akzeptables Niveau, was mittel- bis langfristig existenziell bedrohliche Folgen nach sich ziehen kann. Das Meistern dieser Herausforderungen geschieht durch ganz konkrete und koordinierte Arbeit von Menschen.

Eine Unternehmensstrategie stellt daher keine Prognose dar, deren Eintritt oder Ausbleiben passiv erduldet wird, wie zum Beispiel bei Wettervorhersage. Eine Unternehmensstrategie ist vielmehr die „Idee“ eines gewollten künftigen Zustands, den man durch eigenes, aktiv gestaltendes Handeln erreichen will. Eine Unternehmensstrategie formuliert demnach die

Unternehmensziele, stellt die generelle Ausrichtung auf diese Ziele sicher und beinhaltet ferner die Handlungspläne, deren Umsetzung zur Erreichung der Unternehmensziele erforderlich sind.

Sowohl die größten Investitionen, als auch die bedeutendsten Projekte, die ein Unternehmen beim Kunden realisiert hat, sind letztlich das Ergebnis der Kraft, des Einsatzes und des koordinierten Handelns von Menschen in diesen Unternehmen.

Das sollte uns allen Mut machen: Die Mitarbeiter verfügen über mehr Potenzial für die Wertschöpfung des Unternehmens als jedes Anlagegut in der Bilanz es je haben könnte. Maschinen verlangen Wartung und nutzen sich ab, natürliche Ressourcen werden verbraucht, Erfindungen werden kopiert und mit der Zeit obsolet. Aber hinsichtlich der innovativen und produktiven Kraft der Mitarbeiter und deren Kooperationsfähigkeit gilt das nicht. Dieses Potenzial kann stetig erweitert werden, indem Mitarbeiter Erfahrungen sammeln und lernen.

Strategische Führung erfordert und ermöglicht es, die wertvollste Ressource des Unternehmens, den „Mitarbeiter“, zu fördern und produktiv handeln zu lassen, um letztlich den Erfolg zu generieren, der das Bestehen des Unternehmens am Markt sicherstellt.

Der Nutzen der Unternehmensstrategie

Die strategische Unternehmensführung legt fest, wie sich das Unternehmen im Wettbewerb behaupten und Erfolg haben wird, indem es die Mission, die Vision, die Werte, die Unternehmenspolitik, die Organisation und Strukturen sowie die Ziele des Unternehmens klarstellt und umsetzt. Dabei wird Führung entscheidend durch die kommunikativen Beziehungen zwischen der Unternehmensführung und den Anspruchsgruppen geprägt. Strategische Unternehmensführung entwickelt nicht nur eine effektive Strategie, sondern kommuniziert diese auch wirkungsvoll. Sie beeinflusst somit die Anspruchsgruppen, vor allem die Mitarbeiter und deren Verhalten.

Vereinzelt gehen Geschäftsführer davon aus, dass es ausreichend ist, eine Strategie „im Kopf“ zu haben, diese zu verfolgen und nur das zu kommunizieren, was im konkreten Einzelfall des Tagesgeschäfts erforderlich ist. Die einzelnen Führungskräfte des Unternehmens entwickeln ein individuelles Verständnis von dieser „Unternehmensstrategie“ und verrichten ihre Arbeit auf der Basis dieser persönlichen Annahmen. Was bleibt ihnen auch übrig? Jedoch können die jeweiligen Vorstellungen, die der Einzelne von der „Unternehmensstrategie“ seines Unternehmens hat, stark voneinander abweichen. Infolgedessen bewegen sich die Führungskräfte unter Umständen in verschiedene Richtungen, verfolgen einander widersprechende Ziele und sorgen für konfliktreiche Aktivitäten. Die daraus resultierenden Verwirrungen und Reibungsverluste sowie die missverständliche Kommunikation sind entscheidende

Ursachen für verringerte Produktivität und eingeschränkten Unternehmenserfolg.

Sobald Unternehmen eine klare Strategie haben, liegen die Mission, die Vision und die strategischen Ziele quasi schwarz auf weiß auf der Hand. Der Tendenz, auf der Basis von Annahmen und Mutmaßungen zu handeln, wird somit entgegengewirkt, die Wahrscheinlichkeit von Missverständnissen wird reduziert. Jeder Mitarbeiter handelt auf der Grundlage von persönlichen Zielen, die aus der vereinbarten Strategie abgeleitet sind. Auf diese Weise wirken die Handlungen aller Mitglieder der Organisation koordiniert zusammen. Der Effekt von zusammenwirkenden Handlungen erhöht die Effektivität und den Erfolg des Unternehmens um ein Vielfaches.

Ein strategischer Handlungsplan spart Zeit, Geld und Ressourcen, für jede Führungskraft und jeden Mitarbeiter persönlich und für das Unternehmen als Ganzes, weil er Prioritäten festsetzt. Fokussierte Aktivitäten und klare Prioritäten helfen dabei, die Aktivitäten zu erkennen, die für Sie persönlich und das Unternehmen am profitabelsten sind.

Sie sind in der Lage Prioritäten zu setzen. Prioritäten bilden die Grundlage für eine angemessene Bereitstellung von Ressourcen in Form von Zeit, Geld und Arbeitseinsatz.

Wenn jeder Mitarbeiter genau weiß, was er wann zu tun hat, erhöht sich seine Produktivität. Das gleiche Prinzip funktioniert im Unternehmen als Ganzes: Wenn jeder weiß, was er wann zu welchem Zweck zu tun hat, steigt übergreifend die Produktivität und diese steigert den Ertrag – ein primäres und notwendiges Ziel eines jeden Unternehmens.

Eine effektive Unternehmensstrategie hat viele Vorzüge:

Eine effektive Unternehmensstrategie bezieht Menschen ein und motiviert sie.

Menschen sind der ultimative Schlüssel für organisatorischen Erfolg. Motivierte Mitarbeiter mit den richtigen Fertigkeiten und Fähigkeiten machen den entscheidenden Unterschied aus. Menschen werden nur dann hinter dem Unternehmen stehen und engagiert sein, wenn sie ein klares Verständnis von der Strategie haben und der festen Überzeugung sind, dass diese auch tatsächlich umgesetzt wird. Sie wollen die Planung des Unternehmens kennen: die Richtung, die das Unternehmen einschlägt und den Weg zu den festgelegten Zielen.

Eine effektive Unternehmensstrategie stellt Prioritäten und Absichten klar.

Eine effektive Unternehmensstrategie gibt jedem Mitarbeiter ein klares Verständnis über die Prioritäten und die Absichten, welche die täglichen Aktivitäten bestimmen. Die Kommunikation wird in der Folge klar und zielgerichtet, weil sie die Zahl sich widersprechender Annahmen minimiert. Eine klare Strategie erlaubt es den Führungskräften und jedem einzelnen Mitarbeiter Entscheidungen zu treffen, die im Einklang mit der gewählten Strategie stehen. Das Treffen schneller und effektiver Entscheidungen innerhalb des gesteckten Rahmens ist erfolgskritisch. Dieser Aspekt bildet gleichsam den Schlüssel für wirksame Agilität. Agilität ohne koordinierende strategische Planung ist nichts als operative Hektik, also ein wahrer Alptraum.

Eine effektive Unternehmensstrategie eliminiert Verwirrung und Verschwendung.

Da die Verantwortungsbereiche und die Zuständigkeiten im Zuge der Strategie festgelegt wurden, werden Reibungsverluste, sich überschneidende Aktivitäten und Verwirrung darüber, wer was machen sollte, ausgeschaltet. Zeit und Geld werden eingespart und zusätzlich werden Stress und Konflikte vermieden. Der strategische Handlungsplan vermeidet die Verschwendung von Zeit, Geld und Mühen, indem die Mitarbeiter konzentriert und koordiniert auf dem richtigen Weg bleiben können.

Eine effektive Unternehmensstrategie ermöglicht Fortschrittskontrolle.

Eine effektive Unternehmensstrategie sorgt dafür, dass Feedback über den Fortschritt zur Verfügung gestellt werden kann. Konkrete Zielsetzungen ermöglichen es, Handlungserfolge zu messen, um sicherzugehen, dass Ziele zu den vereinbarten Terminen erreicht werden. Sie bietet ferner die motivierende Kraft der kleinen Erfolge - das Erreichen von Zwischenschritten im Rahmen des Gesamtplans -, die das Commitment, die Begeisterung und den Glauben an den Erfolg bestärken.

Eine effektive Unternehmensstrategie steigert die Produktivität.

Die persönliche sowie die organisationale Produktivität werden gesteigert, wenn die Verantwortung jedes Einzelnen klar definiert ist und Vorkehrungen dafür getroffen sind, dass jeder Einzelne seine Stärken und individuellen Fähigkeiten einbringen kann.

Klare Ziele stellen sicher, dass Kapital in den Bereichen investiert wird, die den höchsten Ertrag abwerfen. Der koordinierte strategische Handlungsplan fördert das Commitment und die Motivation der Mitarbeiter, weil er ihnen zeigt, wie sie ihre eigenen persönlichen Ziele erreichen können, indem er ihnen dabei hilft, die Unternehmensziele zu erreichen.

Die vier strategischen Grundausrichtungen

Eine effektive Strategie bietet einen Rahmen, um das Unternehmen und die Umweltsphären einschließlich der Anspruchsgruppen zu verstehen.

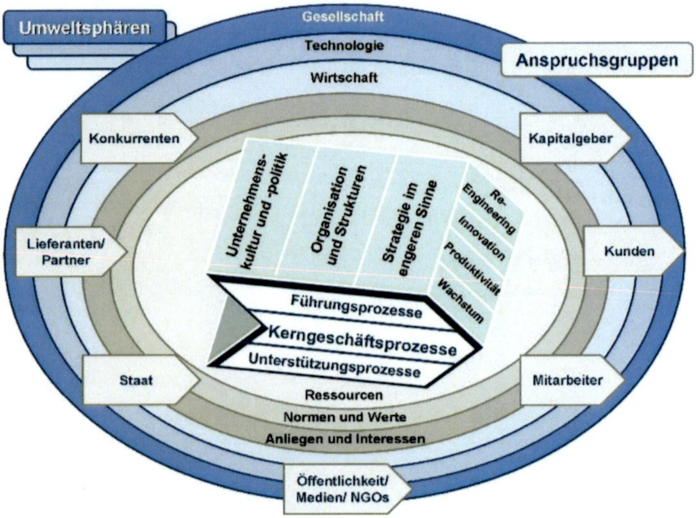

Abbildung 10: Agiles Prozessmodell der Unternehmensführung im Kontext von Anspruchsgruppen (synonym: Interessengruppen und Stakeholder) und Umweltsphären

Rufen wir uns zunächst noch einmal das agile Prozessmodell der Unternehmensführung aus Kapitel 2 in Erinnerung.

Die Strategie im engeren Sinne befasst sich mit den beiden - aus meiner Sicht - zentralen Anspruchsgruppen: dem Kunden und dem Kapitalgeber. Hinsichtlich der Kunden erhalte ich selten, im Grunde nie Widerspruch. Der Kunde steht im Zentrum der Unternehmensmission; die Erfüllung seiner Bedürfnisse bildet quasi den Unternehmenszweck.

Im Hinblick auf den Kapitalgeber als Anspruchsgruppe, also Eigentümer und Fremdkapitalgeber, werden die Diskussionen in meinen Strategie-Workshops meist lebendiger und emotionaler. Um es gleich vorweg zu sagen: Nein, ich predige keinem neuen Shareholder-Value-Ansatz das Wort. Das agile Prozessmodell der Unternehmensführung macht deutlich, dass die Interessen aller Anspruchsgruppen angemessen zu berücksichtigen sind. Dies gilt auch und vor allem für die im Unternehmen beschäftigten Mitarbeiter.

Gleichwohl - und das mag man mögen oder auch nicht - bleibt festzuhalten: Ein Unternehmen mit zufriedenen Mitarbeitern, das, aus welchen Gründen auch immer, nachhaltig Verluste produziert, wird sich früher oder später mit dem Insolvenzrecht auseinandersetzen müssen. Es verliert *de jure* und *de facto* seine Existenzberechtigung am Markt - *mission not accomplished*.

In Krisensituationen sind immer wieder die gleichen Mechanismen zu erleben und zu beobachten. Unternehmen entlassen nicht unerhebliche Teile der Belegschaft und schrumpfen sich - der blanken Not gehorchend - „gesund“. Meistens werden dabei die Fehlentwicklungen vieler Jahre aus der Vergangenheit korrigiert. Im Grunde holen die Unternehmen nur Entscheidungen nach, die zu treffen bereits viel früher geboten war. Zu dieser angemessenen Zeit wären es allerdings unangenehme, zumindest erklärungsbedürftige Entscheidungen gewesen, mit denen die Mitarbeiter vielleicht nicht so zufrieden gewesen wären.

Ein wirtschaftlich erfolgreiches Unternehmen mit tendenziell unzufriedenen Mitarbeitern wird einer solchen krisenhaften Situation nicht ausgeliefert sein. Dass ein solches Unternehmen mit großer Wahrscheinlichkeit ein großes - auch wirtschaftliches - Potenzial ungenutzt lässt, darin wähne ich mich mit Ihnen, liebe Leser sicher einig.

Wirtschaftlich erfolgreich mit engagierten Mitarbeitern sein, das ist meines Erachtens das Ziel von Unternehmen. Eine kreative Unzufriedenheit im Sinne von Robert Bosch bildet hierfür die Basis: „Immer soll nach Verbesserung des bestehenden Zustands gestrebt werden, keiner soll mit dem Erreichten sich zufrieden geben, sondern stets danach trachten, seine Sache noch besser zu machen."

Mir geht es an dieser Stelle lediglich darum darzulegen, warum es - Auswahl und Fokussierung - sinnvoll ist, sich bei der Strategie im engeren Sinne auf den unternehmerischen Kern zu besinnen: Kunden zufriedenzustellen und dabei Erträge erwirtschaften. Die Strategie im engeren Sinne umfasst daher die Ausrichtung der Unternehmensprozesse auf diese beiden Anspruchsgruppen des Unternehmens hin.

Der Schlüssel für den Erfolg einer effektiven Strategie ist es, dass jede Führungskraft und jeder Mitarbeiter das gleiche grundlegende Verständnis vom Unternehmen und dessen Geschäftsumfeld hat bzw. bekommt. Der erste Schritt hierzu ist es, einen klaren strategischen Zweck zu formulieren, der den einzigartigen Wertschöpfungsbeitrag beinhaltet, den das Unternehmen seinen Kunden anbieten wird. Hierzu gehört die Formulierung einer Mission, sowie der Werte und der Vision des Unternehmens. Diese Elemente haben wir auf der normativen Ebene der Unternehmensführung kennengelernt. Sie bilden den äußeren Rahmen der Strategiematrix

Der nächste Schritt besteht nun darin, diesen Rahmen mit der strategischen Ausrichtung zu füllen. Die Strategie im engeren Sinne hilft den Mitarbeitern dabei, das Unternehmen und die eigene Rolle darin zu verstehen. Die Vier-Felder-Strategiematrix ist hierbei ein nützliches Hilfsmittel.

Abbildung 11: Die Vier-Felder-Strategiematrix

In jedem Unternehmen gibt es zwei wesentliche Erfolgsindikatoren als Messgrößen, auf die man sich konzentriert. Diese Erfolgsindikatoren sind der **Umsatz** und der **Ertrag**. Sie repräsentieren gleichsam zwei der drei entscheidenden Anspruchsgruppen für jedes Unternehmen, die Kunden und die Kapitalgeber. Es ist entscheidend, beide Bereiche im Auge zu behalten. Das langfristige Ziel ist es nicht, sich nur auf den einen oder den anderen Bereich zu konzentrieren, sondern in beiden Bereichen gleichzeitig erfolgreich zu sein. Zu viel Gewicht auf einem Bereich zu Lasten des anderen kann zu großen Problemen führen, bis hin zum Untergang des Unternehmens. Viele Unternehmen schaffen es nicht, nachhaltig sowohl beim Umsatz als auch beim Ertrag zu wachsen. Tatsächlich springt in vielen Unternehmen der Fokus zwischen den beiden Polen hin und her, jeweils aktuell abhängig von einer Krise oder von einem Aufschwung.

Es gibt zudem zwei grundsätzliche und unterschiedliche Herangehensweisen, wie ein unternehmerisches Geschäftsmodell aufgebaut, entwickelt oder verbessert werden kann. Eine Möglichkeit besteht darin, das existierende Geschäftsmodell laufend zu optimieren. Das ist der Weg der **kontinuierlichen Verbesserung**. Die zweite Möglichkeit besteht darin, das existierende Geschäftsmodell in einer signifikanten, meist neuartigen Weise zu verändern. Dies ist der Weg der **Transformation**.

Der erste Weg konzentriert sich darauf, die (bestehenden) Dinge kontinuierlich und schrittweise (inkrementell) besser zu machen, während der zweite Weg darauf abzielt, die Dinge wesentlich anders, neuartig zu tun (innovativ bzw. disruptiv). Auch in diesem Zusammenhang ist es wiederum wichtig, in beiden Bereichen gleichzeitig zu arbeiten. Kontinuierliche Verbesserung konzentriert sich eher auf kurzfristige und schrittweise Ergebnisverbesserungen. Demgegenüber geht es bei der Transformation tendenziell darum, sich auf langfristige, diskontinuierliche, disruptive, d.h. sprunghafte

Ergebnisverbesserungen und -potenziale zu konzentrieren. Wenn es stimmt, dass wir - wie eingangs dargestellt - in einer VUCA-Welt leben, die für rasche Veränderungen, zunehmende Ungewissheit, höhere Komplexität und Mehrdeutigkeit steht, dann benötigt man keine seherischen Fähigkeiten um zu erkennen, dass in Zukunft die Transformation die bevorzugte strategische Herangehens-weise sein wird. Generell werden sich Unternehmen auf kürzere Veränderungszyklen einstellen müssen. Das ist ein weiteres Wesensmerkmal der Agilität.

Indem wir die beiden Bereiche der strategischen Fokussierung mit den beiden strategischen Herangehensweisen kombinieren, erzeugen wir die Vier-Felder-Strategiematrix der strategischen Grundausrichtungen.

Die obere Hälfte der Matrix repräsentiert den Umsatz, die untere Hälfte den Ertrag. Der linke Teil der Matrix stellt die kontinuierliche Verbesserung dar und die rechte Seite steht für die Transformation.

Der Quadrant links oben repräsentiert die kontinuierliche Verbesserung des Umsatzes. Dies ist der Bereich von **Wachstum** und Expansion. Konkret und vereinfacht bedeutet dies, das Unternehmen steigert seinen Umsatz mit bereits seit Längerem hergestellten Produkten in bestehenden und/ oder neuen regionalen Märkten.

Der Quadrant rechts oben konzentriert sich auf die Transformation des Umsatzes. Dies ist der Quadrant der **Innovation**. Innovationen in diesem Sinne sind neuartige Produkte und/ oder die innovative Verwendungen bestehender Produkte in neuartigen Kombinationen bzw. in neuen Anwendungsbereichen. Ein Beispiel sind die Kameras, die in Smartphones integriert sind und die die einfachen Kameras nahezu völlig vom Markt verdrängt haben. Die (diskontinuierliche) Innovation besteht in der Verknüpfung bekannter, zuvor jedoch getrennt entwickelter Technologien: digitale Fotografie und Telefonie in einem Gerät. Darüber hinaus bietet diese Hardware - neben sehr vielen anderen Funktionalitäten - die innovative Möglichkeit, die aufgenommenen Bilder mit demselben Gerät sofort zu versenden und durch Verknüpfung mit der gespeicherten Kontaktliste in den verschiedenen sozialen Netzwerken zu teilen.

Der Bereich links unten beschreibt die kontinuierliche Verbesserung des Ertrags. Dieser Quadrant konzentriert sich auf die **Produktivität**, d.h. auf die Steigerung von Effektivität und Effizienz. Dies ist der klassische Bereich der kontinuierlichen Verbesserung interner Prozesse, vor allem der Kerngeschäftsprozesse. Es geht konkret und beispielhaft um die Eliminierung von doppelter Arbeit und Verschwendung aller Art (Stichworte *Lean Production* (Womack, Jones, & Roos, 1990) und *Kaizen* (Imai, 1996)) sowie um sonstige Möglichkeiten des Kostensparens.

Der Quadrant rechts unten beschäftigt sich mit der Transformation des Ertrags. Dies ist der Quadrant der Neuentwicklung, des **Re-Engineering**. Hierbei geht es um die völlige Neugestaltung von Prozessen oder gar der Prozesslandschaft, von Organisationen und Strukturen. Hierzu zählen zum Beispiel das Outsourcing von Aktivitäten oder die Zusammenlegung von Geschäftseinheiten. Auch neue Ansätze der Unternehmensorganisation wie zum Beispiel Holakratie gehören hierzu. Unter das Re-Engineering in diesem Sinne fällt aber auch die Anwendung neuer

Technologien, die einen Produktivitätsschub in den Kerngeschäftsprozessen oder in den Unterstützungsprozessen auslösen. Hierunter kann man die meisten Veränderungen fassen, die zum Beispiel unter dem Stichwort Digitalisierung oder Industrie 4.0 diskutiert werden.

Es gibt sowohl einige „natürliche“ Überschneidungen zwischen den einzelnen Quadranten als auch fortwährende Spannungen zwischen ihnen. Die größte Herausforderung für die Unternehmensführung wird es sein, die richtige Balance zu finden und zu halten. Nicht wenige Führungskräfte neigen dazu, Ihre persönlichen Präferenzen bezüglich eines der Quadranten zu entwickeln. Dies hängt mit den individuellen Erfahrungen und den eigenen Fähigkeiten zusammen.

Gerade weil verschiedene Führungskräfte unterschiedliche Talente haben, ist es wichtig, mindestens einen „Experten“ für jeden Bereich im Team zu haben. Dies erlaubt es Ihnen, die wichtigen Themen anzusprechen, *bevor* Entscheidungen über Prioritäten getroffen und Zuweisungen von Ressourcen vorgenommen werden. Die übermäßige Konzentration auf die Wachstums- und Innovationsbereiche kann Unternehmen bei zugleich geringer Aufmerksamkeit für den Ertrag in den finanziellen Ruin stürzen.Viele neu gegründete Unternehmen, sogenannte Start-ups, erleiden dieses Schicksal.

Andererseits kann die alleinige Fokussierung des Ertrags dazu führen, dass ein Unternehmen stagniert und gar schrumpft, bis es den Anforderungen der Kunden nicht mehr gerecht wird und der Absatz sinkt. Dies führt bestenfalls in die Mittelmäßigkeit. Unter den heutigen Bedingungen des globalen Wettbewerbs ist dies jedoch der sichere Kurs in die unternehmerische Katastrophe. Der Volksmund nennt es zutreffend „Kaputtsparen".

Die Ausrichtung auf weitere Anspruchsgruppen

Neben der Strategie im engeren Sinne gibt es in den meisten Unternehmen Ansätze, die das Attribut „strategisch" im Namen führen:

- Personalstrategie
- IT-Strategie
- Einkaufstrategie
- Etc.

Es handelt sich dabei um solche Ansätze und Prozesse, die einen maßgeblichen Einfluss auf die Umsetzung und den Erfolg der Strategie im engeren Sinne haben. Diese Ansätze und Prozesse ergeben sich einerseits aus den Anforderungen eben dieser Strategie im engeren Sinne. Andererseits ergeben sie sich aus den berechtigten Anforderungen der weiteren Anspruchsgruppen, also zum Beispiel der Mitarbeiter und der Lieferanten. Dabei ist die exakte, trennscharfe Zuordnung von Anforderungen zu bestimmten Anspruchsgruppen meist weder möglich noch notwendig. Wichtig ist, dass solche Anforderungen überhaupt als solche erkannt und formuliert werden.

So sind zum Beispiel die Qualitätsanforderungen in erster Linie der Anspruchsgruppe „Kunden" zuzuordnen. Gleichwohl hat der Anspruch auf Qualitätsführerschaft auch Auswirkungen auf das Qualifikationsniveau der Mitarbeiter, auf die Sicherheit und Stringenz der internen Prozesse sowie auf die Qualitätsanforderungen der Vorprodukte, die von externen Lieferanten bezogen werden, um nur einige Aspekte zu nennen.

Der Anspruch der Mitarbeiter auf die Erhaltung ihrer Gesundheit ist in erster Linie der entsprechenden Anspruchsgruppe „Mitarbeiter" zuzuordnen. Zugleich wird mit der Erfüllung dieser Ansprüche regelmäßig auch den einschlägigen gesetzlichen Anforderungen des Staates Genüge getan, indem zum Beispiel die entsprechenden Vorschriften des Arbeitsschutzgesetzes und eine Vielzahl von diesbezüglichen Verordnungen eingehalten werden.

Ganz ähnlich verhält es sich mit dem betrieblichen Umweltschutz, um ein letztes Beispiel zu geben. Es mag in erster Linie um die Einhaltung der einschlägigen gesetzlichen Vorschriften gehen, und damit um die Erfüllung der Anforderungen des Staates. Die Sensibilität der Öffentlichkeit in Fragen des Umweltschutzes und der steigende Einfluss der NGOs (*non-governmental organizations)*, also der Nichtregierungsorganisationen, wie zum Beispiel Green Peace, NABU und WWF, aber auch der von spontan gebildeten Bürgerinitiativen und -organisationen, zeigen, dass die Einhaltung gesetzlicher (Mindest-)Vorschriften längst nicht mehr ausreicht. Die Ansprüche an eine verantwortungsvolle Unternehmensführung sind deutlich höher als die simple Erfüllung von Standards. Die Erfüllung dieser Standards stellt gleichsam Mindestbedingungen für den Betrieb des Unternehmens dar, also eine Art Lizenz zum Produzieren von Gütern bzw. zur Bereitstellung von Dienstleistungen.

Wenn gegen Standards verstoßen oder bei der Messung von Werten der Einhaltung dieser Standards manipuliert wird, dann hat das gravierende Auswirkungen auf die Geschäftspolitik. Als Beispiel mag der Dieselskandal von VW dienen. Ohne an dieser Stelle auf die Details eingehen zu wollen bzw. zu können, zeigt das drohende Fahrverbot in Städten[24], dass durch die jahrelangen Proteste der Deutschen Umwelthilfe eine komplette Produktpalette, nämlich Diesel-PKW, in arge Bedrängnis geraten ist und auch in Zukunft noch weiter geraten wird. So wurden im Jahr 2017 über 1,9 Mio. benzingetriebene Fahrzeuge neu zugelassen, eine Steigerung um rund 12 Prozent. Die Zulassungen von Pkw mit Dieselmotor sanken dagegen um 12 Prozent und lagen am Jahresende bei gut 1,35 Mio. Zulassungen. Der Anteil der Diesel-Pkw am Gesamtabsatz ging entsprechend von 46 auf 40 Prozent zurück. Der Dieselanteil an den privaten Neuzulassungen sank auf 23 und bei den Flottenbetreibern auf 66 Prozent.[25]

Ich habe diese Beispiele bewusst gewählt, um eines zu verdeutlichen: Eine verantwortungsvolle Unternehmensführung, die die Interessen der wesentlichen Anspruchsgruppen sowie die veränderten Rahmenbedingungen der Umweltsphären berücksichtigt, erfüllt quasi „automatisch" die Anforderungen, die ein Total-Quality-Management-System an die Unternehmensführung stellt. Dies gilt auch für unser agiles Prozessmodell der Unternehmensführung für den Mittelstand. Zugleich integriert es die Anforderungen von Management-Teilsystemen im Hinblick auf

[24] http://www.tagesschau.de/inland/diesel-fahrverbote-105.html; 28.02.2018, 15.30 Uhr.
[25] https://www.nachrichten-heute.net/161184-news-deutscher-pkw-markt-2017-steigt-auf.html; 28.02.2018, 15.30 Uhr.

- die Produkt- und Prozessqualität (Qualitätsmanagement nach ISO 9000),
- den Umweltschutz (Umweltmanagement z. B. international nach ISO 14000 oder der europäischen EMAS-Verordnung) sowie die
- Arbeitssicherheit (Arbeitsschutzmanagement z. B. nach dem Standard OHSAS 18001 der Occupational Safety and Health Administration oder dem bayerischen OHRIS).

Für all diese Bereiche ist eine strategische Unternehmensausrichtung festzulegen. Darin kommt der Gestaltungswille der Unternehmensleitung klar zum Ausdruck.

Diese Ausrichtung bündelt die Ressourcen und bildet die Grundlage für eine eindeutige Kommunikation, sowohl gegenüber den externen Anspruchsgruppen, als auch nach innen. Erst die Klarheit der Kommunikation der Geschäftsleitung ermöglicht es den nachgeordneten Führungskräften, den Mitarbeitern die Unternehmensausrichtung während der täglichen Arbeit erlebbar zu machen.

Auf diese Weise erkennen die Mitarbeiter ihren persönlichen Beitrag und die Sinnhaftigkeit ihres Tuns. Beide Einsichten sind ganz wesentliche Voraussetzungen für eine hohe Leistungsbereitschaft und für Agilität.

Zusammenfassung

Wenn jeder Mitarbeiter dasselbe Verständnis von der Vier-Felder-Strategiematrix hat, dann erreicht das Unternehmen eine deutlich bessere Koordination der einzelnen Einheiten, Bereiche, Abteilungen und Teams. Dies sorgt für positive Synergien und reduziert sowohl Konflikte als auch Reibungsverluste an Schnittstellen.

Eine wirksame Unternehmensstrategie aktiviert bei den Mitarbeitern das Bedürfnis, etwas zu leisten und setzt gezielt auf kreative Innovation und persönliche Produktivität, um die Unternehmensziele zu erreichen. Der primäre Ansatz, mit dem durch eine Unternehmensstrategie Ergebnisse erzielt werden, ist der zielgerichtete Einfluss auf Einstellungen und Verhaltensgewohnheiten aller Mitarbeiter.

Menschen neigen dazu, sich Veränderungen zu widersetzen - manchmal passiv, häufig verbal, gelegentlich sogar „mit Händen und Füßen". So schwer es auch ist, Menschen generell zu Veränderungen zu bewegen: Es ist noch viel schwieriger sie zu veranlassen, genau die Veränderungen vorzunehmen, die von der Leitung des Unternehmens als notwendig erachtet werden, um dessen vereinbarte oder definierte Ziele erreichen zu können. Nur wenn die Mitarbeiter wirklich davon überzeugt sind, dass solche Veränderungen auch ihnen persönlich zum Vorteil gereichen, sind sie bereit, daran mitzuwirken.

Eine gut kommunizierte Unternehmensstrategie unterstützt genau diese Veränderungsbereitschaft, weil sie den Mitarbeitern verstehen hilft, dass sie ihre persönlichen Ziele erreichen und ihre Bedürfnisse erfüllen können, *indem* sie kreativ und produktiv in ihrem Beruf sind – und nicht *obwohl* sie dies tun. Die aus der Unternehmensstrategie abgeleiteten Strukturen, Prozesse und Projekte sind so gestaltet, dass die Mitarbeiter auf allen Ebenen profitieren, wenn sie ihren persönlichen Beitrag leisten. Im Idealfall verschmelzen die persönlichen Ziele mit den Zielen, die für das Unternehmen, ihr Team oder ihre Abteilung gesetzt bzw. vereinbart wurden.

Aktive Mitarbeit - Partizipation - an der Strategieerarbeitung und der Zielfestlegung auf den unterschiedlichen Ebenen ist ein Schlüssel zum Erfolg. Wenn die Mitarbeiter auf jeder Hierarchiestufe des Unternehmens eine angemessene Rolle dabei gespielt haben, die Unternehmensziele festzulegen und/ oder Prozesse und Arbeitsschritte auszuarbeiten, um diese Ziele zu erreichen, dann werden sie die Veränderungsnotwendigkeiten besser erkennen und diese eher akzeptieren.

Veränderungen stellen dann nicht länger eine Bedrohung dar. Sie werden als Chance wahrgenommen, weil die Aufgaben definiert und die Vorteile, die durch die Veränderungen bewirkt werden, bekannt sind. Diese innere Einstellung wird dann zu dem, was an anderer Stelle mit „agiler Haltung“ als zentraler Aspekt von Agilität bezeichnet wird.[26]

Mit anderen Worten: der Erfolg einer Strategie wird nicht nur technokratisch vom Inhalt bestimmt, sondern auch maßgeblich von der Akzeptanz durch die Mitarbeiter, mindestens aber von der Akzeptanz durch die Führungskräfte.

---

[26] Fischer, S., Weber, S., Zimmermann, A. (27.03.2017): Qualitative Studie. Was ist Agilität und welche Vorteile bringt eine agile Organisation? https://www.haufe.de/personal/hr-management/agilitaet-definition-und-verstaendnis-in-der-praxis_80_405804.html (26.01.2018, 07.30 Uhr)

Partizipation bei der Strategieentwicklung sichert diese Akzeptanz. Der Prozess der Strategieentwicklung, der im folgenden Kapitel dargestellt wird, gilt daher zu Recht als ein, wenn nicht *der* Schlüsselprozess in der Gruppe der Führungsprozesse.

Kapitel 5 – Die strategische Ebene der Unternehmensführung: Strategieentwicklung als Führungsprozess

"Die beste Strategie ist, immer recht stark zu sein, erstens überhaupt und zweitens auf dem entscheidenden Punkt. Daher gibt es kein höheres und einfacheres Gesetz für die Strategie, als seine Kräfte zusammenzuhalten."
(Clausewitz, 1832)

Eine wirksame Strategie entwickeln

Vielfach wird Strategie als Projekt betrachtet, als ein Papier, das man einmalig oder lediglich einmal in vielen Jahren erarbeitet. Es verschwindet dann meist rasch und ohne praktische Wirkungen entfaltet zu haben in den Ordnern: „Und jetzt können wir endlich wieder unserer Arbeit nachgehen."

In solchen Fällen wird die Unternehmensstrategie wenig Einfluss auf das Handeln der Mitarbeiter entfalten. Sie betrifft sie nicht, ist ohne praktische Bedeutung – und scheitert daher in der Umsetzung. Eine effektive Unternehmensstrategie soll aber von hoher praktischer Bedeutung sein, indem sie sofortiges Handeln auslöst.

Weil sich die Umwelt und das Umfeld, in denen das Unternehmen agiert, ständig verändern, müssen auch Gültigkeit, Sinnhaftigkeit sowie Wirksamkeit der Unternehmensstrategie kontinuierlich überprüft werden.

Von der Unternehmensstrategie als solcher zu unterscheiden ist daher der wiederkehrende Prozess der Strategieentwicklung. Dieser Prozess gehört zu den Führungsprozessen der normativen Ebene der Unternehmensführung, wie bereits in den vorangegangenen Kapiteln erläutert wurde.

Im letzten Kapitel haben wir erörtert, was eine Unternehmensstrategie ist: Die „Idee" eines gewollten künftigen Zustands sowie die Vorstellung vom Weg dorthin. Beides ist nicht gedacht im Sinne eine Prognose, sondern als Zukunftsoption, die durch eigenes aktives Handeln gestaltet werden kann. Eine Unternehmensstrategie formuliert demnach die Unternehmensziele, stellt die generelle Ausrichtung auf diese Ziele sicher und beinhaltet ferner die Handlungspläne, die zur Erreichung der Unternehmensziele erforderlich sind.

Eine solche Strategie ergibt sich nicht zufällig, sondern ist das Ergebnis klarer, bewusster Entscheidungen nach und aufgrund einer sorgfältigen Analyse. Der Prozess der Strategieentwicklung beschreibt diesbezügliche Verantwortlichkeiten und die wesentlichen Inhalte für diese Arbeit.

Ein systematischer Prozess der Strategieentwicklung beantwortet folgende Fragen:

- Wie entwickelt das Unternehmen seine Unternehmensstrategie und die sie unterstützenden Führungsprozesse, um die Mission und die Vision des Unternehmens zu erfüllen?

- Wer ist an dem Prozess beteiligt?

- Welche Erfolgsindikatoren (Schlüsselergebnisse) sind für die Verwirklichung der Mission, der Vision und der Strategie des Unternehmens relevant?

- Wie berücksichtigt das Unternehmen dabei das eigene aktuelle Leistungsniveau sowie die Leistungen anderer Organisationen und Unternehmen?

- Wie gestaltet sich der zeitliche Rahmen zur Erreichung der strategischen Ziele?

- In welchem Turnus überprüft und bewertet das Unternehmen die Erreichung der strategischen Ziele, sowie die Umsetzung der strategischen Handlungspläne?

- Wie werden diese den sich ggf. veränderten Bedingungen angepasst?

- Welche Methoden wendet das Unternehmen an, um strategische Risiken effektiv zu managen?

- Wie wird die Strategie fortgeschrieben?

Partizipation – der Schlüssel zum Erfolg

Nun wusste schon Karl Valentin, dass Prognosen schwierig sind, besonders wenn sie die Zukunft betreffen. Das Gleiche gilt für Entscheidungen. Auch Entscheidungen wirken in die Zukunft und haben unter Umständen vielfältige und schwerwiegende Auswirkungen. Umfangreiche Forschungen und Untersuchungen haben gezeigt, dass diese - tatsächlichen oder auch nur befürchteten - Auswirkungen bei den Mitarbeitern Sorgen und Ängste auslösen. Dies liegt in der

Natur der Menschen und muss quasi als „Datum“ hingenommen werden. Gerade deshalb sind diese Sorgen und Ängste der Mitarbeiter von den Führungskräften insbesondere im Rahmen von Veränderungsprojekten zu berücksichtigen.

Ein wesentlicher Erfolgsfaktor für den Umsetzungserfolg einer Strategie ist daher - völlig unabhängig von ihrem Inhalt - darin zu sehen, inwieweit es dem Unternehmen gelingt, den Grundsatz „Vertrauen: Partizipation und Lernen“ (siehe Kapitel 1) zu organisieren.

Widerstände, Frust, Demotivation, Ohnmachtsgefühle etc. können minimiert werden, indem vonseiten der Führung frühzeitig gegengesteuert wird: „Aus Betroffenen Beteiligte machen“ lautet hierzu das bekannte geflügelte Wort.

In der Tendenz gilt: je mehr und je früher die Betroffenen einbezogen und informiert werden, ihnen also die Möglichkeit gegeben wird, sich einzubringen, desto eher werden von den Mitarbeitern Vorschläge eingebracht sowie Maßnahmen akzeptiert werden, und desto weniger wird es bei ihnen zu Gefühlen der Ohnmacht und zu Widerständen in der Umsetzung kommen.

Führung hat vorab entschieden …	Betroffene Mitarbeiter sind einbezogen bei der Entscheidung…	Partizipation → Motivation	Ohnmacht → Widerstand
… gar nichts	… ob etwas geschieht		
… dass etwas geschieht	… was geschieht		
… was geschieht	… wann, wie, wo, durch wen usw. etwas geschieht		
… wann, wie, wo, durch wen usw. etwas geschieht	… Betroffener erfährt die Gründe, warum etwas geschieht; er kann nachfragen und Stellung beziehen		
… alles	… Betroffener nimmt entgegen, was entschieden worden ist, kann aber selbst keinen Einfluss mehr nehmen (Einweg-Kommunikation)		
… alles	… Betroffener erfährt nichts von der Entscheidung, bzw. nicht rechtzeitig und/ oder nicht auf dem formalen Weg		

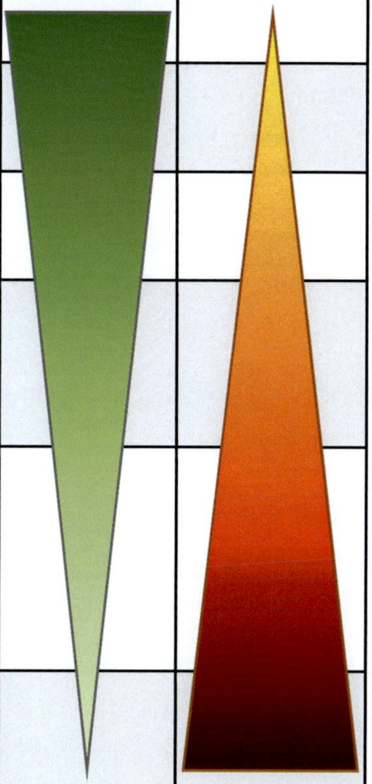

Abbildung 12: Partizipation und Motivation vs. Ohnmacht und Widerstand (nach (Comelli, 1979) und (Rosenstiel & Comelli, 2003))

Ein hohes Maß an Partizipation erhöht allerdings den zeitlichen Aufwand, Veränderungen ins Werk zu setzen. Dies ist bei der Planung von Veränderungsprozessen stets zu berücksichtigen.

Die vorstehende Abbildung verdeutlicht diesen Zusammenhang. Eine Führungskraft kann vorab nichts entscheiden und bezieht ihre Mitarbeiter bereits bei der Frage ein, ob überhaupt etwas geschehen soll. Wenn die Führungskraft allerdings bereits entschieden hat, dass etwas geschehen soll, dann werden die Mitarbeiter bei der Frage eingebunden, was genau denn nun geschehen soll, etc.

Je mehr also die Führung vorab ‚einsam' entscheidet, desto geringer wird einerseits die Motivation durch Partizipation, also durch aktive gestaltende Teilnahme, ausfallen. Andererseits nehmen auf diese Weise Gefühle der Ohnmacht, des Ausgeliefertseins und des Widerstands zu.

Die Ermöglichung von Partizipation und Übernahme von Verantwortung sowie die regelmäßige Information der Mitarbeiter und Kommunikation mit Ihnen gelten als maßgebliche Faktoren, um Engagement als gesamtorganisationales Thema zu erhalten und innere Kündigung zu vermeiden (Scheibner, Hapkemeyer, & Banko, 2016).

Wie diese Partizipation organisiert werden kann, zeige ich beispielhaft als „Praxistipps“ im Zuge der Schritte zur Erarbeitung der Strategie in den folgenden Abschnitten. Sie folgen einem Dreiklang, der den ersten drei Schritten unseres IMPROVE®-Zyklus entspricht:

- **I**st-Analyse – Bestandsaufnahme zur Führungsqualität
    a) Gegenstand der SWOT-Analyse
    b) Die SWOT-Analyse als Prozess

- **M**essbare Ziele setzen

- **P**lanen von Maßnahmen zur Zielerreichung

Ist-Analyse – Bestandsaufnahme zur Führungsqualität

Die SWOT-Analyse (**S**trengths, **W**eaknesses, **O**pportunities, **T**hreats; zu den Details siehe weiter unten) ist immer noch ein wesentliches Element der Strategieentwicklung. Sie wurde in den Sechzigerjahren an der Harvard Business School zur Anwendung in der Strategieentwicklung von Unternehmen entwickelt. (Kotler, Berger, & Bickhoff, 2010) Der Grundgedanke der SWOT-Analyse ist natürlich erheblich älter als ihre Anwendung in modernen Unternehmen. Und da es sich um ein Element der Strategieentwicklung handelt, ist es nicht verwunderlich, dass die zugrundeliegenden Gedanken aus dem militärischen Umfeld stammen.

So formulierte schon der chinesische General, Militärstratege und Philosoph Sunzi (544 – 496 v. Chr.): „Wenn du den Feind und dich selbst kennst, brauchst du den Ausgang von hundert Schlachten nicht zu fürchten. Wenn du dich selbst kennst, doch nicht den Feind, wirst du für jeden Sieg, den du erringst, eine Niederlage erleiden. Wenn du weder den Feind noch dich selbst kennst, wirst du in jeder Schlacht unterliegen." (Clavell, 1988)

Der leitende Idee lautet: Analysiere das Umfeld sorgfältig auf Chancen und Risiken oder Gefahren und mache die deine eigenen Stärken und Schwächen bewusst. Der Kern der Strategieentwicklung besteht dann in der Entscheidung darüber, welche dieser Stärken (Kernkompetenzen) das Unternehmen einsetzen und entwickeln will, um Chancen (Erfolgspotenziale) zu nutzen und letztlich den unternehmerischen Erfolg zu realisieren.

Doch auch über ein halbes Jahrhundert nach der Erfindung der SWOT-Analyse gibt es noch immer Missverständnisse und Unklarheiten bezüglich des Inhalts und der Anwendung. Hand aufs Herz: Wer hat es im Rahmen eines vermeintlichen Strategie-Workshops noch nicht erlebt, dass Diskussionen zur SWOT-Analyse zur „Quasselbude“ verkommen sind, wo Meinungen aufeinanderprallten, anstatt dass Fakten diskutiert werden?

Wenn SWOT als „significant waste of time“ diffamiert wird, dann wurde nach meiner Erfahrung mindestens einer der folgenden Fehler begangen:

- Der Analysegegenstand ist unklar. Was soll eigentlich der SWOT-Analyse unterzogen werden?

  Wenn der Analysegegenstand nicht hinreichend klar definiert und ebenso formuliert ist, dann verkommt die SWOT-Analyse zu einem planlosen Brainwriting. Ganz nach dem Motto: „Wir setzen uns jetzt mal zusammen und erarbeiten die SWOT“.

- Der Beurteilungsmaßstab ist völlig unklar. Wann ist eine Stärke eine Stärke, oder gar eine Kernkompetenz? Woran wird das für alle Prozessbeteiligten transparent und eindeutig festgemacht? Wann ist das Leistungsniveau „gut“ und woran mache ich das fest?

- Unklare Unterscheidung zwischen internen und externen Faktoren. Die Unterscheidung von Chancen und Stärken, beziehungsweise von Gefahren und Schwächen, führt immer wieder zu Konfusion und Unsicherheiten.

- Unklare Abgrenzung von Chancen und noch nicht realisierten Handlungsoptionen, bzw. von Risiken und noch nicht realisierten Vermeidungsstrategien.

- Unsicherer Umgang mit der Ambivalenz von Chancen und Gefahren. Ist beispielsweise „Digitalisierung“ eine Chance oder ein Risiko? Wie geht man mit solchen Mehrdeutigkeiten um?

- Einbindung der SWOT-Analyse in den Prozess der Strategieentwicklung sowie das Herausstellen des Nutzens bleiben unklar.

  Das Setzen von Zielen und das Planen von strategischen Maßnahmen sind von der eigentlichen SWOT-Analyse klar zu trennen. Wie lauten die Schlussfolgerungen aus der SWOT-Analyse? Welche sind die strategischen Handlungsoptionen?

- Unklare Einbindung und unklarer Nutzen des Prozesses zur Strategieentwicklung für das operative Tagesgeschäft: Die Umsetzung und das Follow Up. Wie mache ich Strategie im operativen Tagesgeschäft erlebbar?

Wird die SWOT-Analyse als solche klar vom Gegenstand der SWOT-Analyse getrennt, dann liefert sie ein hervorragendes Verständnis des Unternehmens:

- Stärken (Strengths) - zeigt die Kernkompetenzen,
- Schwächen (Weaknesses)

sowie des Umfelds, in dem das Unternehmen agiert:

- Chancen: Identifikation von Erfolgspotenzialen (Opportunities) und
- Risiken (Threats).

Was auf den ersten Blick nach einer Zunahme von Komplexität aussieht, trägt - im Gegenteil - erheblich zur gedanklichen Vereinfachung, Klärung und Stringenz im strategischen Planungsprozess bei. Die Folge ist ein weitaus größerer Nutzen der SWOT-Analyse und die Vermeidung fruchtloser Diskussionsrunden, die zumeist auf (zu) wenigen Fakten basieren.

a) Gegenstand der SWOT-Analyse

Den Gegenstand der strategischen SWOT-Analyse kann man in drei Bereiche untergliedern:

- Erzielte Ergebnisse in der Vergangenheit. Dies betrifft alle als relevant erkannten Erfolgsindikatoren im Hinblick auf die wesentlichen Interessengruppen (Stakeholder) des Unternehmens.

- Beschreibung der wesentlichen Prozesse (Erfolgsfaktoren), die zu den o.a. Ergebnissen geführt haben. Hierzu gehören auch die in der Vergangenheit erzielten Leistungskennzahlen. Leistungskennzahlen in diesem Sinne sind die Gütemaßstäbe für die Prozesse (Erfolgsfaktoren).

- Definition und Beschreibung der relevanten externen Analysefelder. Diese ergeben sich aus der Betrachtung der relevanten Umweltsphären. In welchen Märkten bewegt sich das Unternehmen? Welche technologischen Trends beeinflussen heute und in Zukunft unser Tun (z.B. Digitalisierung)? Welche gesetzgeberischen Aktivitäten werden unser Handeln betreffen? Wer sind unsere Wettbewerber und was unternehmen diese? Wie entwickeln sich die Bevölkerung (demografischer Wandel) und das Arbeitsplatzangebot?

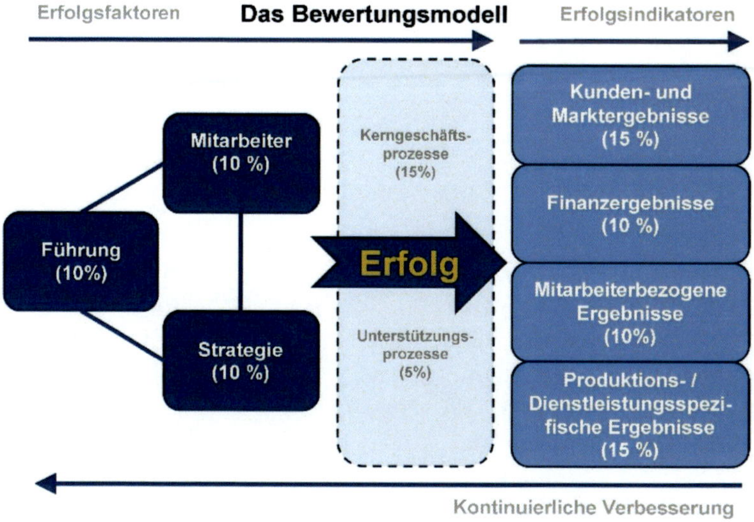

Abbildung 13: Bewertungsmodell in der strategischen SWOT-Analyse: Vier Gruppen von Erfolgsindikatoren und fünf Gruppen von Erfolgsfaktoren dienen als Basis für die Selbstbewertung der ‚Strengths' und ‚Weaknesses' im Rahmen der strategischen SWOT-Analyse. (In Anlehnung an den Malcom Baldrige National Quality Award; (Malorny, 1998, S. S. 170 ff.))

Der Inhalt der beiden erstgenannten Spiegelstriche (Erfolgsindikatoren für alle Anspruchsgruppen sowie die Erfolgsfaktoren einschließlich deren Leistungskennzahlen) wird in der sogenannten Geschäftsbeschreibung zusammengefasst. Sie stellt eine umfassende Dokumentation der wesentlichen Aktivitäten und Ergebnisse des Unternehmens dar. Die Geschäftsbeschreibung bildet die Basis für die Selbstbewertung der „Strengths" und „Weaknesses" im Rahmen der strategischen SWOT-Analyse. Die Geschäftsbeschreibung kann zudem das führende Dokument für alle vorhandenen und künftigen ISO-Zertifizierungen eines Unternehmens sein. Um Redundanzen und unnötige

Bürokratie zu vermeiden, sollte in diesem Dokument lediglich auf die Existenz von Prozessbeschreibungen hingewiesen werden. Die Prozessbeschreibung selbst erfolgt in separaten Dokumenten.

Nähere Hinweise zum Inhalt und zur Erstellung der Geschäftsbeschreibung finden Sie im zweiten Teil dieses Buches, dem *Führungshandbuch für den Mittelstand*. Es besteht aus einem Set von Fragen, die das Unternehmen bei der Erstellung der Geschäftsbeschreibung unterstützt. Die Gliederung des Kriterienkatalogs ist an diejenige des *Malcolm Baldrige National Quality Award* angelehnt.[27]

---

[27] Der Malcolm Baldrige National Quality Award (MBNQA) ist ein 1987 per Gesetz durch den amerikanischen Kongress eingeführter nationaler Qualitätspreis. Seinen Namen erhielt er nach dem 1987 verstorbenen US-amerikanischen Handelsminister Malcolm Baldrige. Der Preis hat unter den weltweit existierenden Qualitätsauszeichnungen einen sehr hohen Stellenwert und wird vom amerikanischen Präsidenten verliehen. https://www.nist.gov/baldrige/baldrige-award

Praxistipp: Geschäftsbeschreibung

Bereits die Erstellung der Geschäftsbeschreibung ist ein probates Mittel des Lernens und der Partizipation. Natürlich ist eine Person in der Lage, die Geschäftsbeschreibung von A bis Z alleine zu erstellen. Empfehlenswert ist das aus meiner Sicht nicht. Ein Team von zwei bis vier Mitarbeitern - im Idealfall pro Kapitel - scheint mir aus den Erfahrungen mit meinen Kunden die beste Lösung zu sein. Die angemessene Zahl der zu beteiligenden Mitarbeiter hängt natürlich entscheidend von der Unternehmensgröße ab.

Zum einen reduziert sich bei dieser Vorgehensweise die Arbeitslast pro Kopf ganz erheblich. Zum anderen werden mehrere Personen als Know-how-Träger bereits zu diesem frühen Zeitpunkt in den Prozess der Strategieentwicklung einbezogen, mit allen oben dargestellten positiven Konsequenzen.

b) Die SWOT-Analyse als Prozess

Auf der Basis der Fakten, die in der Geschäftsbeschreibung dokumentiert sind, findet deren Bewertung und Beurteilung im Rahmen der SWOT-Analyse statt. Die SWOT-Analyse hat sich als Instrument der Analyse der Unternehmensleistung etabliert und bewährt:

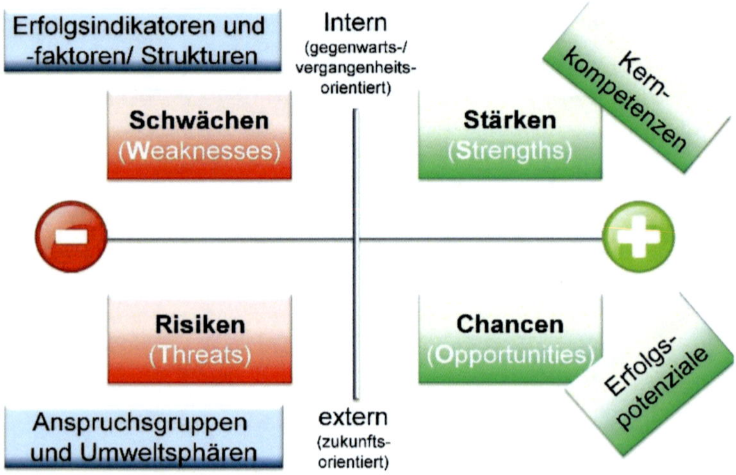

Abbildung 14: Inhaltlicher Überblick über die strategische SWOT-Analyse

- **<u>S</u>trengths** (Stärken) analysiert faktenbasiert, also auf der Grundlage der o.a. Geschäftsbeschreibung, die internen Stärken des Unternehmens. Dabei werden sowohl die Erfolgsindikatoren und die Erfolgsfaktoren (Kernkompetenzen), als auch die normativen Elemente der Unternehmensführung und die Unternehmensstrukturen analysiert.

- **Weaknesses** (Schwächen) benennt die Bereiche des Unternehmens, in denen es Verbesserungspotenziale gibt. „Bereiche“ in diesem Sinne umfasst ebenfalls sowohl die Erfolgsindikatoren und die Erfolgsfaktoren als auch die normativen Elemente der Unternehmensführung sowie die Unternehmensstrukturen.

- **Opportunities** (Chancen) wenden den Blick nach außen auf die Umweltsphären und die Anspruchsgruppen sowie in die Zukunft. Sie geben Hinweise auf sich ergebende Möglichkeiten, zum Beispiel durch neue Technologien, Materialien, Verfahren, Gesetzesänderungen u.ä.

- **Threats** (Risiken) befassen sich ebenfalls zukunftsorientiert mit den Umweltsphären und den Anspruchsgruppen, jedoch mit deren „Schattenseiten“, also den Bedrohungen wie zum Beispiel der Markteintritt neuer Wettbewerber, das Aufkommen konkurrierender Techniken, sich verschärfende Umweltstandards, die demografische Entwicklung, die Entwicklung der Arbeitsmärkte etc.

Wichtig ist in diesem Zusammenhang ferner, dass ein gemeinsames Verständnis über die Bewertungsmaßstäbe entwickelt wird. Was für den einen schon sehr gut ist, ist für den anderen gerade eben mal ein guter Anfang. Auf diese Weise gelingt es der Unternehmensführung, einen Standard für die Unternehmensleistung zu artikulieren und zu kommunizieren.

Bei der Analyse der Erfolgsindikatoren geht es dabei um folgende Aspekte:

- **Nutzen**
  Einerseits wird auf den generellen Nutzen der Kennzahlen abgestellt. Sind sie also relevant, sind sie integer (aussagekräftig und richtig) sowie hinreichend segmentiert.

- **Leistung**
  Andererseits geht es um die Bewertung der erzielten Leistungen, die von den Erfolgsindikatoren repräsentiert werden. Bewertungskriterien sind hierbei die erzielten Leistungsniveaus, die ausgewiesenen Trends, das Setzen und Erreichen von Zielen und schließlich der Vergleich mit anderen Unternehmen bei ausgesuchten Kennzahlen, also den Benchmarks.

In einem ebenso transparenten Verfahren werden die Erfolgsfaktoren, also die Wirksamkeiten der Prozesse bewertet:

- **Vorgehensweise**
  Gibt es (überhaupt) Vorgehensweisen bzw. Prozesse zu einer bestimmten unternehmerischen Anforderung und wie systematisch sind sie? Sind sie dokumentiert und widerspruchsfrei zu anderen Prozessen?

- **Umsetzung**
  Wenn es definierte und dokumentierte Prozesse gibt, werden sie im Unternehmen auch tatsächlich und durchgehend umgesetzt?

- **Kontinuierliche Verbesserung**
  Und schließlich, quasi die Königsdisziplin des Prozessmanagements: Wenn die systematischen Prozesse tatsächlich angewendet werden, wird auch ihre Wirksamkeit belastbar überprüft und werden die Prozesse ggf. entsprechend angepasst und verbessert?

Die Systematik des Bewertungsmodells in der strategischen SWOT-Analyse sowie zahlreiche Hinweise und den vollständigen Kriterienkatalog finden Sie im zweiten Teil dieses Buches, der die Unternehmen auch in dieser Hinsicht unterstützt.

Die Ergebnisse der SWOT-Analyse, die vorzugsweise in der Form eines Selbstbewertungs-Workshops (s.u. „Praxistipp“) durchgeführt wird, sind sehr vielschichtig:

- Es wird ein gemeinsames Verständnis darüber geschaffen, was im Unternehmen bereits richtig gut funktioniert und welche die Kernkompetenzen des Unternehmens sind.

- Es werden ferner auch Schwachstellen aufgezeigt.

- Schließlich wird eine umfangreiche Liste von Verbesserungspotenzialen und Handlungsoptionen generiert, die für das Unternehmen einen wichtigen Input für den weiteren Prozess zur Strategieentwicklung darstellt.

Firma	Chancen (Opportunities)	Risiken (Threats)
Externe Faktoren **Interne Faktoren**	• In profitablen Nischenmärkten etabliert • Digitalisierung eröffnet Marktpotenzial • ...	• Attraktiver Markt zieht finanzstarke Wettbewerber an, die Vorsprung schnell aufholen • Fachkräftemangel • Politische Instabilität in ... • ...
Stärken (Strengths)	**Stärke-/ Chancen-Strategie**	**Stärken-/ Risiken-Strategie**
• Spezielles techn. Know-how im Bereich ... • Breite Stammkundenbasis • Attraktive Führungskultur • ...	• Die enge Kundenbindung zur gezielten Produktentwicklung und damit zur weiteren Profilierung in der Nische nutzen. • ...	• *BMM-AWARD* für Employer Branding Zwecke nutzen • Mit speziellen technischen Know-how Fachkräfte werben, die sich entwickeln wollen • ...
Schwächen (Weaknesses)	**Schwächen-/ Chancen-Strategie**	**Schwächen-/ Risiken-Strategie**
• Kleines Team • Schwache Kapitalausstattung • ...	• Flexibel und unabhängig, daher für großen Kundenkreis interessant • ...	• Investorensuche zur Verstärkung der Eigenkapitalausstattung • Kooperationen • ...

Tabelle 4: Beispiel für die Ergebnisse, die aus einer SWOT-Analyse generiert werden können

Praxistipp: Selbstbewertung

Die Selbstbewertung auf der Grundlage der Geschäftsbeschreibung stellt eine weitere Gelegenheit dar, ausgesuchte Mitarbeiter aus einem größeren Kreis an der Arbeit am Unternehmen zu beteiligen. Dies kann dergestalt geschehen, dass die Selbstbewertung als Teil der strategischen SWOT-Analyse im Rahmen eines ein- bis zweitägigen Selbstbewertungs-Workshops stattfindet.

Der Teilnehmerkreis ist nicht zuletzt abhängig von der Unternehmensgröße. 5-10% der Belegschaft mag bei mittelständischen Unternehmen als Richtgröße dienen. Je größer das Unternehmen ist, desto geringer wird der prozentuale Anteil der Teilnehmer an der Gesamtbelegschaft sein. Bei einem Unternehmen mit 250 Mitarbeitern ist ein Workshop mit 20 bis 25 Teilnehmern sinnvoll. Denken Sie an den Grundsatz „Partizipation und Lernen“: Teilnehmen sollten über den erweiterten Führungskreis hinaus zum Beispiel auch Führungsnachwuchskräfte und hochqualifizierte Spezialisten ohne Führungsverantwortung.

Im Rahmen des Selbstbewertungs-Workshops werden die „Strengths“ und „Weaknesses“ bewertet, wie sie in Abb. 14 bzw. Abb. 15 dargestellt sind. Die Analysen der Umweltsphären, der „Opportunities“ und „Threats“ erfolgen außerhalb des Selbstbewertungs-Workshop zu einem späteren Zeitpunkt.

Zwei bis vier Wochen vor dem Workshop erhalten die Teilnehmer die Geschäftsbeschreibung zur individuellen

Vorbereitung. Je nach Erfahrungsstand der Mitarbeiter ist eine vorherige Schulung über die Analyse- und Bewertungssystematik notwendig. Die individuelle Vorbereitung der Teilnehmer besteht einerseits aus dem Studium der Geschäftsbeschreibung. Andererseits sollten sich die Teilnehmer bereits einen ersten Eindruck und eine vorläufige Meinung von den Stärken und Schwächen des Unternehmens gebildet haben.

Im Workshop selbst stellt jeweils eine verantwortliche Führungskraft die wesentlichen Inhalte eines Kapitels kurz vor. Sodann geht es in Gruppenarbeiten an die eigentliche Analyse. Die Gruppen tragen anschließend im Plenum ihre Ergebnisse vor: Stärken, Verbesserungspotenziale und Handlungsoptionen.

Aus eigener Erfahrung kann ich Ihnen, liebe Leserinnen und Leser versichern, dass die Teilnehmer regelrecht begeistert sind von der Möglichkeit der Teilnahme und der Lernerfahrung.

Verbindet man den Workshop noch mit einem gemeinsamen Erlebnis, dann ist auch der teambildende Effekt eines solchen Selbstbewertungs-Workshops gar nicht zu überschätzen.

Gleichwohl werden nicht alle Handlungsoptionen gleich wichtig sein. So haben, wegen der begrenzten Ressourcen, nicht alle Handlungsoptionen die Chance, quasi sofort und gleichzeitig umgesetzt zu werden. Im Nachgang zu einem Selbstbewertungs-Workshop müssen die Verbesserungspotenziale und Handlungsoptionen zunächst sorgfältig dokumentiert und in einem kleineren Kreis diskutiert und priorisiert werden. Dieser Kreis besteht regelmäßig aus dem (erweiterten) Geschäftsführungsteam.

Erfahrungsgemäß kann man die Ergebnisse (Verbesserungspotenziale und Handlungsoptionen) aus dem Selbstbewertungs-Workshop in drei Kategorien zusammenfassen:

- Es wird Anmerkungen geben, die kein tatsächliches Verbesserungspotenzial darstellen, sondern lediglich auf Schwächen in der Dokumentation, also der Geschäftsbeschreibung hinweisen. Sachverhalte mögen also unter Umständen nicht oder nicht richtig dargestellt worden sein. Diese im Grunde redaktionellen Aspekte gilt es gleichwohl aufzunehmen und einer verantwortlichen Person zur Überarbeitung der Geschäftsbeschreibung für die nächste Selbstbewertung aufzutragen.

- Es wird ferner nicht immer gelingen, sich in den Diskussionen im Rahmen der Selbstbewertung auf die strategischen Aspekte zu beschränken. Aufgrund der unterschiedlichen Erfahrungen der Teilnehmer mit strategischen Themen werden also auch operative Verbesserungspotenziale und Handlungsoptionen aufgezeigt werden. Diese Punkte - einmal als solche identifiziert - sollten an die jeweils verantwortlichen Personen zur raschen Umsetzung delegiert werden.

Die „Ernte“ dieser *low hanging fruits* ist für die Akzeptanz des Prozesses und die Motivation der Mitarbeiter nicht zu unterschätzen: Nichts motiviert mehr als der Erfolg.

- Schließlich bleiben die strategisch relevanten Verbesserungspotenziale und Handlungsoptionen übrig. Auch diese Liste ist meist noch zu umfangreich, um alle Maßnahmen gleichzeitig vollumfänglich umsetzen zu können. Im Sinne des Grundsatzes „Auswahl und Fokussierung“ aus Kapitel 1 werden die in der Liste aufgeführten Verbesserungspotenziale und Handlungsoptionen zunächst priorisiert werden müssen.

Messbare Ziele setzen

Zu diesem frühen Zeitpunkt des Prozesses der Strategieentwicklung, nämlich bei der Zielformulierung auf Grundlage der Analyse der Unternehmensleistung, entscheidet sich bereits in den meisten Fällen, ob die hehren Formulierungen der normativen Führungsprozesse, also die Mission, die Werte und die Vision, tatsächlich umgesetzt werden, oder ob sie Worthülsen bleiben.

Die Wichtigkeit des Schrittes „Zielsetzung“ kann daher nicht überschätzt und nicht oft genug betont werden.

Hinter dieser Einschätzung steckt der meines Erachtens immer noch gültige Grundsatz von Peter F. Drucker: „If you can't measure it, you can't manage it.“ Was man nicht messen kann, das kann man auch nicht managen.

Das Setzen von S.M.A.R.T.-Zielen trägt diesem Umstand Rechnung. S.M.A.R.T. steht dabei für

- **S**pezifisch
- **M**essbar
- **A**ttraktiv
- **R**ealistisch
- **T**erminiert

S.M.A.R.T.-Ziele dienen letztlich dazu, ein motivierendes und herausforderndes Leistungsniveau zu formulieren, an dem man sich misst und an dem man gemessen wird. Herausfordernde Ziele fokussieren, steigern die Anstrengungsbereitschaft und aktivieren die Leistungsmotivation - eine seit Langem hervorragend und mittlerweile vielfach abgesicherte Erkenntnis. (Locke & Latham, 1990)

Herausfordernde Ziele bewirken aber noch etwas scheinbar Banales, gleichwohl Erfolgsentscheidendes: Sie erhöhen die Wahrscheinlichkeit, dass eine zielführende Handlung überhaupt vorgenommen wird.

An diesem Punkt, an dem mit der Zielsetzung quasi die „Verantwortlichkeit" der Motivation endet und die der Volition, des Umsetzungswillens beginnt, wird der Rubikon zum Handeln überschritten. (Achtziger & Gollwitzer, 2006)

Ab diesem Punkt geht es nicht mehr um die Zielsetzung, das *„goal setting"* oder um das „Ob" und das „Was". Ab diesem

Punkt geht es nur noch um die Zielerreichung, das *„goal striving*“, also ausschließlich um das „Wie“.

Wenn man als Führungskraft für diese Erkenntnis erst einmal sensibilisiert ist, dann erkennt man in Diskussionen anhand der Wortwahl auf Anhieb, auf welcher Seite des Rubikons sich zum Beispiel eine Projektgruppe aktuell befindet:

Aus „man müsste …“, „man sollte …“, „wir könnten …“ und „eigentlich“ diesseits des Rubikon, werden nach Überschreiten des Rubikon entschlossene Vorsätze zur Handlung: „Wir werden bis zum… die Systemeinstellungen vorgenommen haben“ oder „Ich werde die Aufgabe bis zum tt.mm.jjjj erledigt haben.“

Eine weitere Management-Weisheit, die Mason Haire zugeschrieben wird, lautet: „What gets measured, gets done. If you are looking for quick ways to change how an organisation behaves, change the measurement system.”

Frei übersetzt: Was gemessen wird, das wird auch getan. Wenn Sie nach einem raschen Weg suchen, um das Verhalten einer Organisation zu verändern, dann ändern Sie das Mess- bzw. Reportingsystem.

Dahinter steht die grundlegende Erkenntnis, dass die Dinge, die gemessen werden, offensichtlich wichtig sind und eingefordert werden. Auch wenn einige Aspekte wirksamen Führungshandelns scheinbar banal sind, so sind sie letztlich erfolgsentscheidend.

Dass Zielsetzungen die genannten Wirkungen entfalten, zeigen leider nicht nur positive, sondern auch negative

Beispiele. Werden Ziele und Anreize gesetzt, dann entwickeln sich die Dinge mitunter in eine ungewollte oder gar völlig falsche Richtung.

Aus diesem Grund sind bei Zielsetzungen immer auch Rahmenbedingungen zu berücksichtigen und zu formulieren, die in jedem Fall einzuhalten sind. Dies ist vor allem dann wichtig, wenn Zielsetzungen an Boni oder andere erfolgsabhängige Lohn- und Gehaltsbestandteile gekoppelt sind. Die Zielerreichung muss in jedem Fall lohnenswert für das Unternehmen und den Mitarbeiter sein. So sind zum Beispiel Umsatzprämien nur dann wirklich sinnvoll, wenn auch der Deckungsbeitrag von Geschäftsabschlüssen berücksichtigt wird. Nur ertragreiches Wachstum wird auf lange Sicht den Unternehmenserfolg sicherstellen.

Kehren wir zurück zur Analyse der Unternehmensleistung als Ausgangspunkt von Zielsetzungen und Initiativen zur Verbesserung der Ist-Situation. Ich möchte an zwei einfachen Beispielen darstellen, worum es mir dabei geht.

In vielen Unternehmensleitbildern finden sich Sätze wie dieser, zum Beispiel zur **Mitarbeiterorientierung**:

„Qualifizierte und motivierte Mitarbeiter, die Freude an der Arbeit haben, sind ein wichtiger Erfolgsfaktor für Kärcher.“[28]

Wer wollte einem solchen Satz widersprechen? Entscheidend ist die praktische Umsetzung im Tagesgeschäft. Was bedeutet das konkret? Spannend wäre die Reaktion der

---

[28] https://www.kaercher.com/de/inside-kaercher/unternehmen/ueber-kaercher.html. 03.04.2018, 10.35 Uhr

Geschäftsleitung und/ oder der Personalverantwortlichen zum Beispiel auf folgende Fragen:

- Wie definiert das Unternehmen „Erfolg“?
- Welche Qualifikationen sind in welchen Positionen als Schlüsselqualifikationen unabdingbar?
- Von welcher Motivation ist die Rede?
- Wie stellt das Unternehmen diese Motivationsstrukturen in den Personalauswahlprozessen fest, vor allem bei Führungskräften?
- Woher weiß das Unternehmen, was den Mitarbeitern Freude macht und unter welchen Bedingungen dies der Fall ist?
- Und wie wird festgestellt, ob diese Bedingungen im Unternehmen vorliegen?

Je länger die Antworten dauern und je vager sie sind, desto größer ist die Wahrscheinlichkeit, dass dieser Aspekt des Leitbildes über den Status eines Gemeinplatzes nicht hinauskommt.

Zweites Beispiel, Stichwort **Kundenorientierung**:

„Als leistungsstarkes und werteorientiertes Familienunternehmen bürgen wir mit unserem Namen dafür, als Qualitätsführer mit Ideen, Kreativität und Service zum Erfolg unserer Kunden beizutragen - jetzt und in der Zukunft.“[29]

---

[29] https://www.wanzl.com/de_DE/unternehmen/leitbild/ 03.04.2018, 10.37 Uhr

Man ist schon fast geneigt, ein „Amen“ hinzuzufügen.

Entscheidend für die Umsetzung dieses absolut lohnens- und lobenswerten Ansatzes sind klare und kommunizierbare Definitionen und Festlegungen:

- Wie ist Qualität definiert und anhand welcher Parameter wird sie bewertet?
- Mit wem wird die Qualität verglichen, um eine Qualitätsführerschaft zu behaupten?
- Wie werden Kreativität und Servicequalität gemessen?
- Wie führt der Beitrag dieser Parameter zum Kundenerfolg?

Auch für dieses Beispiel gilt: Wenn es keine plausiblen Antworten auf diese Fragen gibt, wenn Mess- und Zielgrößen nicht definiert sind, dann bleiben von den derart formulierten Leitlinien meist nicht viel mehr als fromme Wünsche übrig.

Um nicht missverstanden zu werden: Die Festlegungen der normativen Führungsprozesse sind notwendige und unabdingbare Voraussetzungen für eine gute, weil wirksame und erfolgreiche Unternehmensführung. Aber sie sind nicht hinreichend.

Wichtig sind konkrete Ziele, deren Niveau maßgeblichen Einfluss auf die strategischen Handlungspläne haben. Es macht eben einen Unterschied, ob ein Unternehmen zum Beispiel den Umsatz um 2%, oder um 20% steigern will.

Ziele der strategischen Grundausrichtungen

Es hat unzählige ‚Managementmoden' gegeben - und es wird sie vermutlich auch in der Zukunft geben -, die die Vorzüge und Vorteile der jeweiligen (isolierten) Methoden als Allheilmittel für Unternehmen angepriesen haben. Aber Erfolg in nur einem einzigen Quadranten der Vier-Felder-Strategiematrix (siehe Abb. 11) erzeugt meist nur kurzfristige Ergebnisse. Er legt mitunter bereits die Ursachen für Probleme in einem anderen Bereich. Um nachhaltigen Erfolg zu erzielen, ist es entscheidend, das Unternehmen in allen vier Bereichen gleichzeitig und ausgewogen zu entwickeln.

Die effektivsten Unternehmen entwickeln nicht nur Pläne in den vier strategischen Grundausrichtungen des Wachstums, der Innovation, der Produktivität und des Re-Engineering. Zur Absicherung der Ziele hinsichtlich der anderen Anspruchsgruppen entwickeln sie auch Ziele und Pläne in diesen Bereichen.

Wenn wir uns an dieser Stelle auf die vier Quadranten der Vier-Felder-Strategiematrix beschränken, dann allein deshalb, weil sie die Anforderungen der zwei wesentlichen Anspruchsgruppen beinhalten: Kunden und Kapitalgeber. Hierauf fokussieren letztlich die Prozesse im Unternehmen.

An dieser Stelle werden also exemplarisch lediglich die Ziele der strategischen Grundausrichtung beleuchtet:

Wachstumsziele

Wachstumsziele sind die geläufigsten Ziele von Unternehmen. Wachstumsziele definieren, wie und in welchen Märkten das Unternehmen expandieren will, um den Umsatz zu steigern. Grundsätzlich sind die Möglichkeiten für eine Expansion nahezu grenzenlos. Unternehmen können geografisch expandieren, sie können ihre Produktpalette erweitern, sie können ihre Marktanteile erweitern, die Preise erhöhen und so weiter.

Das eigentliche Problem bei den Wachstumszielen ist, dass viele Unternehmen ihre Ziele jedes Jahr einfach um einige Prozentpunkte erhöhen, ohne die konkreten Möglichkeiten zu analysieren, wie dieses Wachstum generiert werden könnte. Hinter solchen „Zielen" stecken in der Regel keine Handlungspläne. Sie haben daher eher den Charakter von Prognosen. Im Grunde hoffen die Unternehmen lediglich, dass sie von Jahr zu Jahr wachsen werden. Das ist der Grund, weshalb viele Unternehmen unter dem Syndrom leiden, das mit dem Jo-Jo-Effekt von Diäten vergleichbar ist. Nach einigen guten Jahren neigen sie zu Selbstzufriedenheit und wissen dann nicht, wie sie auf ein verändertes Umfeld oder einen herausfordernden Wettbewerber reagieren sollen, wenn es einmal bergab gehen sollte.

Produktivitätsziele

Produktivitätsziele sind solche, die die Verbesserungen des generellen Effektivitäts- und Effizienzniveaus betreffen. Produktivitätssteigerungen sind im Grunde eine Daueraufgabe. Diese Verbesserungen sind notwendig, um einen angemessenen Beitrag zu den allgemeinen Zielen des Unternehmens zu leisten. Beispiele für allgemeine Produktivitätsziele sind Ziele des Unternehmens zur Verbesserung der Qualität oder zur Erhöhung des Deckungsbeitrages. Die kaskadierten Abteilungsziele, die diese allgemeinen Ziele unterstützen, umfassen dabei die speziellen Aktivitäten, die das Team als Teil des laufenden Geschäfts Tag für Tag ausführt. Produktivitätsziele sind Ziele der kontinuierlichen Verbesserung. Die kontinuierliche Verbesserung der Prozesse, der Abläufe, der Kommunikation und der Schlüsselerfolgsfaktoren eines Unternehmens sind entscheidend für den nachhaltigen Erfolg. Ein Unternehmen muss sich permanent darauf konzentrieren, seine Fähigkeiten und Talente zu entwickeln und aufzufrischen, um auf den globalen Märkten konkurrenzfähig zu bleiben.

Produktivitätsziele identifizieren die Leistungsstandards als erforderliche Produktivität für jeden Mitarbeiter in jeder Art von Position. Spezifische Produktivitätsziele ermöglichen es, dass die Mitarbeiter genau wissen, was von ihnen hinsichtlich eines quantitativen Standards erwartet wird. Da diese Ziele quasi automatisch ein Feedback bereitstellen, verfügen die Mitarbeiter gleichzeitig über einen Standard zur Messung ihrer persönlichen Aktivitäten. Sie wissen genau, wie gut ihre Leistung bei der täglichen Arbeit einzuschätzen ist. Dies hält die Motivation auf einem hohen Niveau. Die Messung des Fortschritts bei den Produktivitätszielen verschafft den Führungskräften darüber hinaus einen guten Überblick über den allgemeinen Fortschritt ihrer Abteilung und über das Unternehmen als Ganzes.

Innovationsziele

Die dritte Kategorie strategischer Ziele bilden die Innovationsziele. Von ihrer Art her sind sie eher langfristiger Natur. Es sind die Ziele, die der Kreativität und dem Wunsch entstammen, neue Bereiche zu erschließen. Erstellen Sie als Führungskraft eine ausführliche Liste möglicher Innovationsbereiche. Es ist wahrscheinlich, dass Sie sich nie dafür entscheiden, allen nachzugehen. Aber es ist wichtig, alle Möglichkeiten und Optionen für die Zukunft zu erkennen.

Im Laufe der Zeit werden einige dieser Innovationsziele so erstrebenswert und praktikabel werden, dass sie in den Bereich der umzusetzenden Ziele gelangen. Andere wiederum werden verworfen, ersetzt, geändert oder erweitert, wenn sich das Unternehmen an neue wirtschaftliche Bedingungen, an sich verändernde Kundenanforderungen oder an das allgemeine Marktgeschehen anpassen muss.

Die Zieltermine, die ursprünglich für solche Innovationsziele festgelegt wurden, werden weniger fest fixiert sein, als dies üblicherweise bei Produktivitäts- oder Wachstumszielen der Fall ist. Der Grad des Fortschritts, der sich beim Erreichen der Wachstums- und Produktivitätsziele ergibt, wird oftmals die verfügbaren Ressourcen bestimmen, die der Erreichung von Innovationszielen gewidmet werden können.

Der erste Schritt für das Erreichen eines Innovationsziels kann bereits eine Machbarkeitsstudie sein. Die Ergebnisse dieser Studie könnten zu einer Entscheidung darüber führen,

a) sofort ein Pilot zu starten,

b) einen vorläufigen Zieltermin in eine feste Terminierung zu wandeln, oder

c) ein Projekt auf einen späteren Zeitpunkt zu verschieben.

Ein weiteres Ergebnis könnte auch nahelegen, das Innovationsziel

d) gänzlich aufzugeben zugunsten eines anderen Ziels, das einen besseren *Return on Investment* auf die benötigten Ressourcen verspricht oder das den veränderten Umständen besser Rechnung trägt.

Anzahl und Umfang der Optionen für Innovationsziele hängen von der Kreativität aller Mitarbeiter des Unternehmens ab. Innovationsziele sind außerordentlich wichtig für den langfristigen Erfolg eines Unternehmens, denn nichts hält ewig. Die derzeitige Unternehmensstrategie und gleichsam das Geschäftsmodell sind über kurz oder lang zum Scheitern verurteilt, wenn sie nicht von Zeit zu Zeit angepasst und verändert werden. Innovationsziele adressieren die Art und Weise, wie sich das Unternehmen verändern soll, um weiterhin wachsen und im Wettbewerb bestehen zu können.

Re-Engineering-Ziele

Re-Engineering-Ziele konzentrieren sich auf die interne Struktur und auf die Abläufe im Unternehmen. Durch bedeutende Veränderungen der Strukturen und/ oder der Prozesse, kann ein Unternehmen erhebliche Kosten in den täglichen Abläufen einsparen. Im Laufe der Zeit hat jedes

Unternehmen Routinen und Gewohnheiten entwickelt, die sich im Zuge seines laufenden Geschäfts zu Standardprozeduren herausgebildet haben. Dabei kann es sich um Prozesse handeln, die dank der Six-Sigma-Methodik zu einer absoluten Kernkompetenz des Unternehmens entwickelt wurden. Es kann jedoch auch der Fall sein, dass die Prozesse zwischenzeitlich obsolet sind, sich aber als Routinen und Gewohnheiten eingeschliffen haben bzw. völlig erstarrt sind. Durch die Entwicklung neuer Technologien sind viele dieser Gewohnheiten nicht mehr effektiv oder kosten effizient. Unternehmen müssen ihre Prozesse daher kontinuierlich überprüfen, um sicherzustellen, dass sie nicht in schlechte und kostenintensive Routinen abgleiten.

Routinen bieten den Mitarbeitern Stabilität, Vertrautheit und Vertrauen. Menschen hängen daher sehr an ihrer speziellen Art und Weise, die Aufgaben zu erledigen; es sind ihre Gewohnheiten und Denkmuster.

Die VUCA-Welt und die Grundsätze der Agilität verlangen so ziemlich das Gegenteil dessen, was Menschen üblicherweise schätzen.

Es kann daher schwierig sein, insbesondere Re-Engineering-Ziele umzusetzen und zu implementieren. Da bestehende Prozesse nicht einfach verbessert, sondern eher umfassend verändert oder gar umgewandelt werden, wird das Führungsteam auf den Widerstand der Mitarbeiter stoßen. Unternehmen können den Menschen notwendige Veränderungen nicht einfach anordnen. Sie müssen die Teammitglieder, die von der Veränderung betroffen sein werden, einbeziehen und ihnen genau erklären, weshalb die Veränderung wichtig ist. Die Grundsätze der Abbildung 12:

„Partizipation und Motivation vs. Ohnmacht und Widerstand“ (s.o.), sind bei den Aktivitäten zur Umsetzung von Re-Engineering-Zielen ganz besonders relevant.

Planen von Maßnahmen zur Zielerreichung

Die strategischen Ziele werden nicht von selbst erreicht, sondern bedürfen der gemeinsamen Anstrengung aller Mitarbeiter. Da die Ziele - je nach Anspruchsgruppe und je nach Zieldefinition - sehr unterschiedlich sind, sind auch die daraus abzuleitenden Maßnahmen entsprechend mannigfaltig.

Dieser Abschnitt geht daher nur grundsätzlich und beispielhaft auf das Planen von Maßnahmen ein. Und weil das Buch von Leadership und Führungskultur handelt, wähle ich ein Beispiel aus diesem Bereich, um das Prinzip der Maßnahmenplanung zu verdeutlichen. Ich setze das Beispiel aus Kapitel 3 fort.

Praxistipp: Werte (Fortsetzung aus Kapitel 3)

Es geht letztlich immer darum, abstrakte Konstrukte zu operationalisieren und damit handhabbar zu machen. Zur Erinnerung seien die drei beispielhaft ausgesuchten Werte nochmals genannt, die die (künftige) Führungskultur prägen sollen und die in den Führungsgrundsätzen formuliert sind:

- **Wertschätzung**....
  ..... heißt respektvoll miteinander umgehen, Verantwortung übertragen, Leistung anerkennen und konstruktiv zusammenarbeiten.

- **Verantwortungsbereitschaft** ....
  .... bedeutet Entscheidungsspielräume nutzen, delegieren, für die Ergebnisse einstehen und aus Fehlern lernen.

- **Kommunikationsbereitschaft** ....
  .... heißt ansprechbar sein, aktiv zuhören, einen offenen und stetigen Dialog führen sowie Informationen adressatengerecht weitergeben.

Wir unterstellen für unser Beispiel, dass im Rahmen der Selbstbewertung in diesem Bereich (große) Verbesserungspotenziale identifiziert worden sind. Auslöser für diese Einschätzung kann eine im Vergleich zu anderen Unternehmen der Branche deutliche höhere Fluktuationsrate gewesen sein. Die Personalleitung hatte im Selbstbewertungs-Workshop ausgeführt, dass in den Gesprächen mit den Mitarbeitern, die das Arbeitsverhältnis gekündigt hatten, immer wieder das schlechte Arbeitsklima und der unangemessene Umgang von Führungskräften mit den Mitarbeitern als wesentlicher Kündigungsgrund angegeben wurde.

Als strategische Zielsetzung wurde daraufhin eine Senkung der Fluktuationsrate in Höhe von derzeit 19,3 % auf 12 % vereinbart. Dieses Ziel soll am Ende des aktuellen Planungszyklus von fünf Jahren erreicht sein.

Als Vereinbarung zur Planung und Umsetzung von strategischen Maßnahmen kann nun zum Beispiel folgendes beschlossen werden:

- Erarbeitung eines auf Verhaltensankern basierenden Fragebogens zur Erfassung des erlebten Führungsverhaltens bis zum ....

- Durchführung einer ersten Umfrage bis zum ..... Wiederholung alle zwei Jahre.

- Vereinbarung von Maßnahmen aus diesen Umfragen und Überwachung der Umsetzung.

- Überarbeitung der Mitarbeiterbeurteilung für Führungskräfte und Ergänzung um die Aspekte der Führungsgrundsätze bis zum ....

Erst durch solche konkreten Maßnahmen werden abstrakte Konstrukte wie die genannten Werte in der Praxis erlebbar und relevant.

Der Berücksichtigung gelebter Werte in der Beurteilung und Auswahl von Führungskräften kommt nach meiner Erfahrung hierbei eine Schlüsselrolle zu.

Zusammenfassung

Auf die SWOT-Analyse müssen definitiv Taten folgen, die erkennbar und für alle Mitarbeiter wahrnehmbar im Zusammenhang mit den Analyseergebnissen stehen.

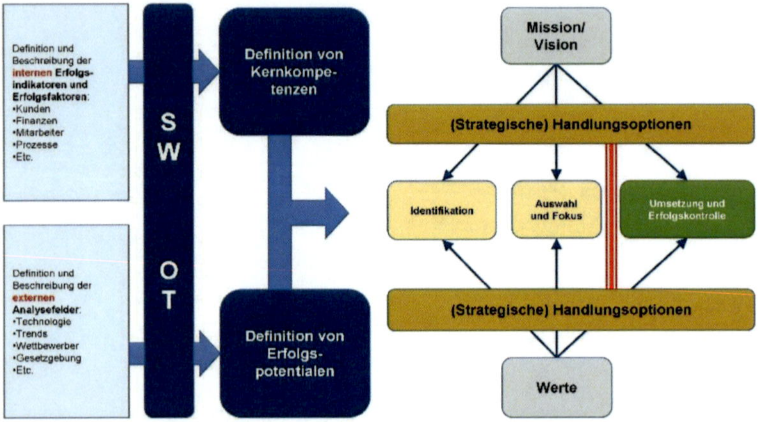

Abbildung 15: Schematischer Überblick über den vollständigen Strategieentwicklungsprozess

Es geht um die tatsächliche **Umsetzung**. Wenn - um das o.a. Beispiel nochmals aufzugreifen - die Werte und Führungsgrundsätze nicht konkretisiert werden, sodass sie Eingang in die täglichen Geschäftsprozesse finden, dann bleiben sie von der gelebten Realität entrückt und rufen bei den Mitarbeitern nur mitleidiges Lächeln hervor. Solche Beispiele kennt vermutlich jeder und sie füllen mitunter ganze Bücher, wie zum Beispiel *Ich arbeite in einem Irrenhaus: Vom ganz normalen Büroalltag* von Martin Wehrle. Es bleibt dem geneigten Leser überlassen, zu beurteilen, ob solche Literatur - vordergründig durchaus amüsant - letztlich zur Problemlösung beiträgt oder ob sie nicht eher dazu geeignet ist, die Gräben zwischen „denen da oben und uns hier unten" zu vertiefen.

Aus der Erfahrung, die ich sowohl als Führungskraft als auch in der Beratung vor allem in mittelständischen Unternehmen gewonnen habe, lautet meine Empfehlung: Ein „Weniger" an Zielen und Maßnahmen ist vor allem zu Beginn einer systematischen Befassung mit dem Thema „Führungskultur" ein „Mehr".

Im Gegenzug sollten Sie bei der Umsetzung nicht „knausern". Die Umsetzungsquote sollte nahe bei der Hundert-Prozent-Marke liegen.

Die strategische Unternehmensanalyse schließt mit der strategischen Zielsetzung sowie den strategischen Handlungsplänen ab. Ausgehend von der definierten Geschäftspolitik (Mission, Werte, Vision) gehen Sie dabei in folgenden Schritten vor:

- Definieren Sie Ihre wesentlichen Erfolgsindikatoren für folgende Bereiche bzw. Anspruchsgruppen: Kunden, Finanzen, Mitarbeiter und produktions- bzw. dienstleistungsspezifische Aspekte.
- Identifizieren Sie die Erfolgsfaktoren - im Wesentlichen sind das Ihre Prozesse und Strukturen - und legen Sie für die Erfolgsfaktoren die Gütemaßstäbe fest, also Leistungskennzahlen und Anspruchsniveaus.
- Erstellen Sie die Geschäftsbeschreibung
- Führen Sie die **SW**(OT)-Analyse im Rahmen eines Selbstbewertungs-Workshops durch.

Die nachfolgenden Punkte werden in Vorbereitung auf und im Zuge einer Strategieklausur behandelt:

- Identifizieren und priorisieren Sie vorläufig die erarbeiteten strategischen Handlungsoptionen
- Identifizieren und definieren Sie weitere Interessengruppen und Umweltsphären, die Sie als Analysefelder im Rahmen der (SW)**OT**-Analyse untersuchen müssen (z.B. Wettbewerber, Technologie, Gesetzgebung u.ä.)
- Führen Sie die Strategieklausur durch und legen Sie dabei als Ergebnis der Strategieklausur folgendes fest:
    - Die strategischen Ziele, sowie
    - die strategischen Handlungspläne hierzu.

Praxistipp: Strategieklausur

Nach dem Selbstbewertungs-Workshop im größeren Teilnehmerkreis (siehe „Praxistipp: Selbstbewertung"), können die Ergebnisse daraus wieder im kleineren Teilnehmerkreis, zum Beispiel dem (erweiterten) Führungsteam, weiterbearbeitet werden.

In der Praxis hat sich ein jährlicher Turnus bewährt, zum Beispiel in Form einer Strategieklausur. Die Strategieklausur findet zeitlich nach dem Selbstbewertungs-Workshop und vor dem jährlichen Budgetprozess statt. Auf diese Weise wird in einem rollierenden Prozess das jeweils erste Jahr des strategischen Planungshorizonts in die konkrete Jahresplanung des Budgetprozesses überführt. Somit wird die Umsetzungswahrscheinlichkeit der Strategie und der strategischen Maßnahmenpläne deutlich erhöht.

Dabei werden bestimmte Elemente (Mission, Vision, Werte) lediglich kurz geprüft, während andere Elemente (Wachstum, Innovation, Produktivitätssteigerung, Mitarbeiterkennzahlen etc.) einer permanenten und intensiven Prüfung, Diskussion und Fortschreibung bedürfen. Dieses im Detail festzulegen, gehört zu den Aufgaben jeder Unternehmensführung.

Nehmen Sie sich mit Ihrem Führungsteam die Zeit, um über die Zukunft des Unternehmens nachzudenken und diese zu planen. Halten Sie jede Idee bezüglich möglicher Wachstums-, Produktivitäts-, Innovations- und Re-

Engineering-Ziele fest. Es wird nicht möglich sein, alle Ziele sogleich in Angriff zu nehmen; aber je mehr Optionen Sie zur Verfügung haben, desto mehr kreative Herangehensweisen werden Sie entwickeln, um die Effektivität des Unternehmens zu stärken.

Vertrauen Sie auf die Kraft des Potenzials, das im Führungsteam und in allen Mitarbeitern steckt. Nutzen Sie dieses Potenzial, um Veränderungen, Wachstum, Fortschritt und Erfolg zu initiieren.

Kapitel 6 - Strategieimplementierung

„In dem Augenblick, in dem man sich endgültig einer Aufgabe verschreibt, bewegt sich die Vorsehung auch. Alle möglichen Dinge, die sonst nie geschehen wären, geschehen, um einem zu helfen. Ein ganzer Strom von Ereignissen wird in Gang gesetzt durch diese Entscheidung und er sorgt zu der eigenen Gunst für zahlreiche unvorhergesehene Begegnungen und materielle Hilfe, die sich kein Mensch vorher je so erträumt hätte.

Was immer Du kannst, oder Dir vorstellst, dass Du es kannst, beginne es!

Kühnheit trägt Genius, Macht und Magie in sich.

Beginne jetzt!“

(Magie. Johann Wolfgang von Goethe)

Die Strategieimplementierung ist der Teil des Managementprozesses, bei dem die theoretische und akademisch sinnvolle Abgrenzung zwischen Unternehmensführung und Mitarbeiterführung unscharf werden muss. Ansonsten bliebe alles graue Theorie. „Management ist Praxis und nicht so sehr eine Wissenschaft. [...] Es ist nicht Wissen, sondern Ausführung [...] Seine Praxis basiert sowohl auf Wissen wie auf Verantwortung.“ (Drucker P. F., Management, 2009)

Wenn die Strategieimplementierung also Praxis und Ausführung, demnach Handeln ist, dann folgt daraus, dass sie sich an den allgemeinen Voraussetzungen menschlichen Verhaltens orientiert. Das *Führungshandbuch* kann an dieser Stelle natürlich lediglich eine Skizze der Voraussetzungen für menschliches Handeln liefern. Gleichwohl erscheint es mir notwendig zu sein, das bereits an anderer Stelle zitierte „Rubikonmodell der Handlungsphasen“ (Achtziger & Gollwitzer, 2006) in der gebotenen Kürze darzustellen.

Im Grunde handeln Menschen in Unternehmen, wenn zwei organisationale und drei individuelle Voraussetzungen erfüllt sind.

Die beiden organisationalen Voraussetzungen sind:

- Menschen **sollen** etwas tun. Das Sollen ergibt sich aus dem Kontext des Unternehmens, zum Beispiel aus den Inhalten des Arbeits- bzw. Anstellungsvertrages, der Stellenbeschreibung bzw. aus einem allgemeinen Rollenverständnis.

- Menschen **dürfen** etwas tun. Das Dürfen bezieht sich mehr auf einen kulturellen Aspekt des Handelns und auf dahinter stehende Werte, die in dem Unternehmen als allgemein akzeptiert gelten.

Dass Führungskräfte die beschlossene Strategie implementieren sollen und dürfen möchte ich an dieser Stelle als gegeben annehmen. Wenden wir uns den drei individuellen Handlungsvoraussetzungen zu:

- Menschen **wissen**, was und wie etwas zu tun ist.

- Menschen **können** das tun, d.h. sie sind dazu grundsätzlich (körperlich) in der Lage und verfügen über die entsprechenden Fertigkeiten und Fähigkeiten.

- Menschen **wollen** das tun.

Das Wissen und Können von Führungskräften stellt meiner Erfahrung nach meistens nicht das Problem dar, wenn es zu Schwierigkeiten bei der Umsetzung kommt.

- „Man sollte mal wieder ….“
- „Man könnte ….“
- „Man müsste jetzt eigentlich….“
- „Das Richtige wäre jetzt ….“

Immer dann, wenn man die vorstehenden oder ähnliche Sätze hört, kann man mit großer Wahrscheinlichkeit davon ausgehen, dass nichts geschehen wird. Allerdings implizieren diese Sätze durchaus, dass gewusst wird, was zu tun wäre. Und auch das Können ist in den meisten dieser Fälle vorhanden.

Das Rubikonmodell der Handlungsphasen

Es liegt also am „Wollen“. Das hat durchaus etwas mit der Motivation zu tun; aber nicht ausschließlich, wie noch zu zeigen sein wird. Nun liegt es in der Natur der Sache, dass Führungskräfte nicht nur den eigenen Ansprüchen und Wünschen nachzugehen haben. Sie haben auch die Interessen und Wünsche anderer Anspruchsgruppen zu berücksichtigen. Und mit den Anspruchsgruppen aus dem beruflichen Umfeld, wie wir sie bereits kennengelernt haben, ist es nicht getan. Auch das familiäre und soziale Umfeld der Führungskraft hat berechtigte Interessen am Handeln derselben und will diese berücksichtigt wissen. Wer als Führungskraft schon einmal seinem Vereinskollegen oder einem Nachbarn die Kündigung aussprechen musste, der weiß aus eigener Erfahrung, wovon hier die Rede ist.

Die Handlungsmotivation ist also keine eindimensionale Angelegenheit, sondern muss unter Umständen einer komplexen Gemengelage Rechnung tragen.

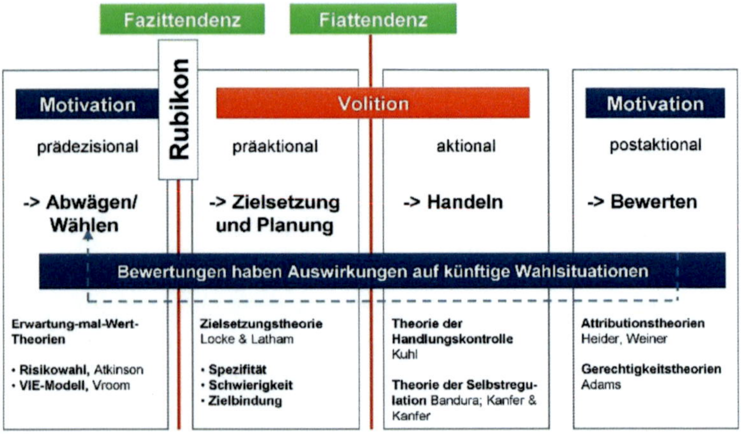

Abbildung 16: Rubikonmodell der Handlungsphasen in Anlehnung an Heckhausen/ Gollwitzer (Heckhausen & Gollwitzer, 1987)

In der **ersten Handlungsphase (Abwägen, Wählen)**, die in dem Modell „prädezisional“, also noch vor der Entscheidung liegend, genannt wird, geht es darum, mehrere Handlungsalternativen gegeneinander abzuwägen, vor allem hinsichtlich der mutmaßlichen Handlungsfolgen, und letztlich die bevorzugte Handlungsalternative auszuwählen. Am Ende dieser Phase wird nach mehr oder weniger gründlichen Erwägungen schließlich ein Fazit gezogen (Fazit-Tendenz). Die betreffende Person kommt auf diese oder jene Weise zu einer Entscheidung durch tatsächliche Festlegung auf ein bestimmtes Ziel.

Auf die in Abbildung 16 genannten Theorien sei an dieser Stelle der Ordnung halber nur hingewiesen, ohne sie im Detail zu erörtern.

Anders als es uns in der Politik der Alternativlosigkeit mitunter suggeriert wird, gibt es im Leben keine Entscheidungssituation, die ohne Alternative ist. Und jede Alternative hat ihre spezifischen Vor- und Nachteile. Es sind dann die berühmten zwei Seiten derselben Medaille, bzw. Umstände, die ausgedrückt werden durch Floskeln wie: „Alles hat seinen Preis“, oder: „There ain't no such thing as a free lunch“.

Und weil dem so ist, wird diese Phase oftmals als besonders belastend empfunden. Je nach Schwere der alternativen Handlungsfolgen sogar so sehr, dass manche Menschen in solchen Entscheidungssituationen wie gelähmt wirken und zu einer aktiven Entscheidung nicht fähig bzw. im wahrsten Wortsinne nicht willens sind. Wenn - in unserem unternehmerischen Kontext - die Führungskraft letztlich aber dann doch abgewogen und sich für eine Handlungsalternative entschieden hat, sich also im Sinne Goethes „endgültig“ einer Aufgabe verschrieben hat, dann wird der Rubikon überschritten.

Der Name des Modells leitet sich aus einer historischen Begebenheit im Jahre 49 v. Chr. ab. Der Fluss Rubikon bildete seinerzeit die natürliche Grenze zwischen Italien und der römischen Provinz Gallia Cisalpina. Genauso wie es für Gaius Julius Caesar mit Überschreiten des Rubikon kein Zurück mehr gab und es in der Folge unweigerlich zum Bürgerkrieg zwischen Caesar und Pompeius kam, wird beim

Rubikonmodell für den Handelnden mit dem „Schritt über den Rubikon“ die Entscheidung für eine der Handlungsmöglichkeiten gefällt. Ein Zurück ist nun (theoretisch) nicht mehr möglich.

Die **zweite Handlungsphase (Zielsetzung und Planung)** ist uns aus dem vorangegangenen Kapitel bereits im Ansatz geläufig, als es um die sogenannten S.M.A.R.T.-Ziele ging. Zielsetzung und Planung haben also nicht nur einen praktischen Nutzen, indem wir uns einen Überblick über die Vielfalt und Vielzahl der zu erledigenden Aufgaben verschaffen und diese organisieren. Indem wir dies tun, werden auch die größten Aufgaben überschau- und handhabbar, sie verlieren ob ihrer Größe ihren „Schrecken“. Die Prozesse der Zielsetzung und Planung erhöhen somit auch die Wahrscheinlichkeit, dass zielführende Handlungen überhaupt vorgenommen werden.

Diese Handlungsphase wird als „präaktional“ bezeichnet, weil sie noch vor der eigentlichen Handlung liegt. Wichtig in diesem Zusammenhang ist es jedoch zu erkennen, dass diese Phase handlungspsychologisch bereits nicht mehr von der Motivation geprägt ist, sondern von der Volition, dem Willen zur Umsetzung.

Die präaktionale Phase schließt mit der sogenannten Fiat-Tendenz ab, also dem Entschluss, mit der Handlung jetzt tatsächlich zu beginnen (von lat. *fiat* zu dt. „es werde“, „es geschehe“).

Die Fiat-Tendenz leitet die **dritte Handlungsphase (Handeln)**, die „aktionale“ Phase, ein. Wenn eine Person zu handeln beginnt (Handlungsinitiierung respektive Realisierung der Intention), tritt sie in die aktionale Phase ein.

Es geht nun darum, das eigene Handeln ausdauernd auf das Ziel auszurichten und sich nicht ablenken zu lassen. Das Handeln muss bei Schwierigkeiten flexibel an die Umstände und den Handlungsverlauf angepasst aber stets beibehalten werden.

Zum Beispiel neigen erfolgszuversichtliche Menschen dazu, bei zwischenzeitlichem Misserfolg oder bei Rückschlägen die Anstrengung zu erhöhen, während andere Personen in solchen Fällen aufgeben. Entscheidend im Hinblick auf die Realisierungswahrscheinlichkeit und -geschwindigkeit ist die Volitions- bzw. Willensstärke.

Die **vierte und letzte Handlungsphase (Bewertung**), die postaktionale Phase, bezeichnet demnach die Phase *nach* der eigentlichen Handlung. Mit der Zielerreichung oder dem Nichterreichen des Ziels tritt die Person in diese Phase der Bewertung der Handlungsergebnisse ein. Es findet darüber hinaus eine Deaktivierung der Absichtsverfolgung statt. Es wird nun durch die handelnde Person bewertet, ob die Handlung ein Erfolg war oder nicht und ob eventuell Nachbesserungen erforderlich sind. Eventuell muss aber auch das eigentliche Ziel verändert werden (Soll-Ist-Vergleich), je nachdem worauf der Erfolg oder Misserfolg der Handlung zurückzuführen ist (sog. Kausalattribution). Hierbei treten wieder die motivationalen gegenüber den volitionalen Aspekten in den Vordergrund.

Die Erfahrungen, die aufgrund der Handlungsergebnisse gemacht wurden, fließen bei künftigen Wahlsituationen von Handlungsalternativen in die Entscheidungsfindung der (neuen) ersten Handlungsphase ein. So erhöht sich im Erfolgsfall üblicherweise das Selbstwertgefühl und die jeweilige Person wird sich bei künftigen Auswahlentscheidungen durchaus auch anspruchsvollere Aufgaben zutrauen. Wird das Handlungsergebnis negativ, also als Misserfolg bewertet, dann wird auch diese Bewertung bei künftigen Auswahlentscheidungen ebenfalls eine Rolle spielen, die im Extremfall zu regelrechten Vermeidungs-strategien führen kann.

Praxistipp: Führungskräfteauswahl

Die Implementierung einer Strategie, oder genauer: die Umsetzung strategischer Handlungspläne, hängt also in nicht unerheblichem Ausmaß von der Volitionsstärke der agierenden Führungskräfte ab. Nicht zuletzt aus diesem Grund gilt die Volition gegenüber der Motivation als das wichtigere handlungspsychologische Konstrukt. Motivation ist notwendig, aber bei Weitem nicht hinreichend.

Motivation und Volition sind als Persönlichkeitsmerkmale nur bedingt erlernbar. Deshalb sollten diese sowohl im Rahmen von internen Auswahlprozessen als auch bei Bewerbungsrunden mit externen Bewerbern auf Führungspositionen berücksichtigt werden.

Es gibt valide Verfahren, die solche Persönlichkeitsmerkmale zuverlässig zutage fördern. Personaler, sie sich solchen Prozessen verschließen, stellen nach meiner Meinung ein ernstzunehmendes unternehmerisches Risiko dar. Beispielsweise habe ich einen Personalleiter ernsthaft und ungeniert sagen hören: „Wenn ich dem Kandidaten tief in die Augen schaue, weiß ich schon, ob der zu uns passt oder nicht!“

Im Zusammenhang mit den strategischen Handlungsplänen sollen die notwendigen Umsetzungshandlungen ausdauernd auf die strategischen Ziele ausgerichtet und fokussiert werden. Darüber hinaus dürfen sich die handelnden Führungskräfte sich nicht vom Wesentlichen ablenken lassen. Das Handeln muss bei Schwierigkeiten und Hindernissen dennoch agil und flexibel an die (neuen) Umstände angepasst werden.

Neben den geschilderten individuellen Voraussetzungen gibt es jedoch einige allgemeine Hinweise, die wirksames Handeln gegen Störungen „abschirmen“ helfen und so die Umsetzungswahrscheinlichkeit erhöhen. Eine Umsetzungsgarantie gibt es allerdings in keinem Fall.

Dokumentation und Kommunikation

Strategien, die lediglich in den Köpfen der wenigen Führungskräfte vorhanden sind, haben nur eine geringe Chance auf Umsetzung.

"Gedacht heißt nicht immer gesagt,
gesagt heißt nicht immer gehört,
gehört heißt nicht immer verstanden,
verstanden heißt nicht immer einverstanden,
einverstanden heißt nicht immer angewendet,
angewendet heißt noch lange nicht beibehalten."[30]

In Anlehnung an das berühmte Zitat von Konrad Lorenz plädiere ich für eine schriftliche Dokumentation der Strategie,

[30] Konrad Lorenz, Verhaltensforscher

deren Umsetzung durch eine wirksame Kommunikation eingeleitet und die von einer nachhaltigen Kommunikation begleitet wird.

Die Mitarbeiter können strategische Handlungspläne nur dann umsetzen, wenn sie diese kennen und auch verstanden haben. Hierzu bieten sich z.B. nach der Strategieerarbeitung im Rahmen der Strategieklausur – je nach Unternehmensgröße - verschiedenste Kanäle an:

- Führungskräftetagungen oder Betriebsversammlungen.
- Bereichs- oder Gruppenmeetings, um den Mitarbeitern die Auswirkung und Bedeutung der Strategie auf den eigenen Bereich zu erläutern.
- Videokonferenzen oder Web-Meetings.
- Schriftliche Kommunikation auszugsweise mit Schwerpunkten u.v.a.m.

Jedes Unternehmen sollte in der konkreten Situation den für sich passenden Kommunikationsmix zusammenstellen.

Visualisierung und Zielcollage

Das deutsche Sprichwort „Aus den Augen, aus dem Sinn" kennen wir wohl alle und die meisten werden ihm inhaltlich auch zustimmen können. Für diese Redensart haben amerikanische Psychologen auch einen biologischen Grund gefunden: Die Speicherkapazität des am visuellen Kurzzeitgedächtnis beteiligten Hirnareals ist extrem begrenzt. Daher werden Einzelheiten komplexer optischer Eindrücke häufig schnell wieder vergessen.[31]

Die nicht als Sprichwort bekannte, aber dennoch wirksame Umkehrung lautet: „In die Augen, in den Sinn." Es funktioniert also auch in die andere, in eine beabsichtigte Richtung. Die Erkenntnisse der Wahrnehmungspsychologie begegnen uns in vielen alltäglichen Situationen, meistens ohne dass wir sie bewusst als solche zur Kenntnis nehmen. Hierzu zwei kurze Beispiele.

Natürlich könnte man sich darauf beschränken, am Eingang eines Betriebsgeländes darauf hinzuweisen, dass es innerhalb des Betriebsgeländes Bereiche gibt, an denen es besonders laut zugeht.

Die TRLV Lärm („Technische Regeln zur Lärm- und Vibrations-Arbeitsschutz-verordnung") sehen aber in Abschnitt 5 vor, dass der Arbeitsbereich selbst als Lärmbereich zu kennzeichnen und, falls technisch möglich, abzugrenzen ist, wenn die Lärmbelastung der Beschäftigten an den dort befindlichen stationären Arbeitsplätzen während der Arbeitsschicht einen der definierten Auslösewerte überschreitet.

Das abgebildete Hinweisschild findet sich meist an der Eingangstür zu dem bestimmten Lärmbereich. In dem

[31] J. Jay Todd und René Marois von der Vanderbilt-Universität in Nashville in der Fachzeitschrift Nature (Bd. 428, S. 751). https://www.wissenschaft.de/umwelt-natur/aus-den-augen-aus-dem-sinn-2/. 05.04.2018, 13.50 Uhr.

Moment, in dem ein Mitarbeiter den Bereich betreten will, wird er durch das Schild auf den Umstand hingewiesen. In aller Regel befinden sich in unmittelbarer Nähe auch noch Spender mit einfachen Gehörsschutz-Stöpseln. All diese Maßnahmen verhindern zwar nicht das Betreten des Lärmbereichs ohne Gehörschutz, aber sie reduzieren dessen Eintrittswahrscheinlichkeit durch Visualisierung im entscheidenden Moment der Handlung.

Ein zweites Beispiel stammt aus dem Straßenverkehr.

Wir alle kennen längere, d.h. mehrere Kilometer umfassende Autobahnabschnitte, bei denen die Höchstgeschwindigkeit auf zum Beispiel 120 km/h begrenzt ist. Auch in diesem Fall wäre es theoretisch denkbar, dass zu Beginn des entsprechenden Abschnitts das Zeichen 274 „Zulässige Höchstgeschwindigkeit“ aufgestellt und mit einem der Zeichen 278 bis 282 Straßenverkehrsordnung (STVO) wieder aufgehoben wird.

Tatsächlich aber sieht die Allgemeine Verwaltungsvorschrift zur Straßenverkehrs-Ordnung (VwV-StVO) in Kenntnis der wahrnehmungspsychologischen Unzulänglichkeiten der Menschen vor, auf Autobahnen die entsprechenden Zeichen nach jeweils 1000 Metern zu wiederholen.

Die Regel der VwV-StVO folgt auch hier der Erkenntnis „In die Augen, in den Sinn“.

In gleicher Weise können Unternehmen diese Erkenntnisse in Form von Visualisierungshilfen für Zwecke der Strategieumsetzung nutzen. Hierzu eignen sich Plakate, Aufsteller, Banner, Mousepads, die berühmten Bürotassen, schlicht alle Formen von Merchandisingartikeln, die in der

Lage sind, die Botschaft der Unternehmensstrategie zu transportieren.

Für die einzelne Führungskraft ist die Zielcollage ein probates Mittel, um die Wahrscheinlichkeit der persönlichen Maßnahmenumsetzung zur Zielerreichung zu erhöhen. Es würde den Rahmen des Buches sprengen, wenn ich hier auf die Einzelheiten einginge. Es mag daher an dieser Stelle der Hinweis auf ein entsprechendes Coaching Tool genügen (Kohlhaas, 2012).

Prozesse

Ein weiteres probates Mittel, um die Strategie zu implementieren bzw. die Wahrscheinlichkeit der Implementierung zu erhöhen, ist es, die Maßnahmen aus der Strategieplanung, wenn immer möglich und so schnell als möglich in Prozesse zu überführen.

Das nachstehende, vereinfachte Beispiel nimmt nochmals den Gedanken des „Praxistipps: Werte“ aus Kapitel 5 sowie den o.a. „Praxistipp: „Führungskräfteauswahl“ auf. Wie kann man den Prozess zur Auswahl von Führungskräften gestalten, um die Wahrscheinlichkeit zu erhöhen, dass die Führungskraft die definierten Werte auch tatsächlich vorlebt und in ihrem Verantwortungsbereich einfordert und wirksam umsetzt?

Vorauswahl	• Bewerbung geht ein. • Check der Bewerbung nach definierten Kriterien → k.o. oder weiter • Telefoninterview und Evaluierung → k.o. oder weiter • Einladung zum strukturierten Erstinterview
Interview	• strukturiertes Erstinterview nach der Methode der kritischen Ereignisse (Critical Incident Technique, kurz CIT), um effektives beziehungsweise ineffektives Verhalten bezüglich der Führungs-/ Unternehmenskultur zu erfassen. → k.o. oder weiter • Shortlist • BIP (Bochumer Inventar für berufsbezogene Persönlichkeitsbeschreibung) vor Zweitinterview vorbereiten
Test z.B. BIP	• BIP durchführen • Testergebnis auswerten, insbesondere im Hinblick auf Motivationsstrukturen und Handlungsstärke
Interview	• strukturiertes Zweit-Interview (CIT) • → k.o. oder Einstellung

Abbildung 17: Muster eines Prozesses zur Auswahl von Führungskräften

Zur Erinnerung: Wir haben für unser Beispiel unterstellt, dass im Rahmen der Selbstbewertung im Bereich der Führungskultur Verbesserungspotenziale identifiziert worden sind. Auslöser für diese Einschätzung war eine im Vergleich zu anderen Unternehmen der Branche deutliche höhere Fluktuationsrate.

Neben den bereits dort vorgestellten Maßnahmen zur Erreichung des strategischen Ziels der Verbesserung der Führungskultur, zielt der vorstehende Prozess nicht auf die Entwicklung der vorhandenen Führungskräfte, sondern auf einen effektiven, validen Auswahlprozess ab.

Die Einführung solcher konkreten Prozesse gelingt in der Regel deutlich besser als wohlklingende abstrakte Optimierungsversprechen. Das liegt nicht zuletzt darin begründet, weil Prozesse, hier: Personalauswahlentscheidungen, in der Regel häufig ablaufen. Selbstverständlich muss man zu Beginn der Anwendung neuer Abläufe diesen ein besonderes Augenmerk schenken. Aber gerade wegen der Wiederholungshäufigkeit stellen sich rasch neue stabile Handlungsroutinen (Gewohnheiten) ein, die im Vergleich zu den ehemaligen Prozessen dann die beabsichtigten besseren Ergebnisse hervorbringen.

Regelkommunikation und Besprechungskonzept

Ein weiterer wesentlicher Aspekt, der die Wahrscheinlichkeit der Strategieumsetzung deutlich erhöht, ist die Trennung von operativem und strategischem Geschäft in der Regelkommunikation. Es ist dies nicht zuletzt eine Frage der Ordnung: Alles hat seinen Platz.

Abbildung 18: Regelkommunikation und Besprechungskonzept für Unternehmen

Operative Besprechungen sind meistens kurz und knapp und haben das aktuelle Tagesgeschäft zum Inhalt:

- Die jüngste Kundenreklamation, der nächste Auslieferungstermin
- Die Optimierung der Maschine nach einer Reparatur
- Das Zahlungsproblem eines Kunden u.v.a.m.

Mitarbeiter stellen sich bei Besprechungen, die **administrative und operative Aufgaben** zum Inhalt haben, auf eine Dauer ein, die in der Regel wenige Minuten bis maximal neunzig Minuten nicht überschreitet. Dies ist erfahrungsgemäß eine hinreichende Zeit, um derlei Angelegenheiten zu besprechen. Auf Themen, die diesen inhaltlichen Rahmen „sprengen“, müssen sich die Besprechungsteilnehmer üblicherweise vorbereiten.

Solche Themen benötigen ein separates Format, das ich „**entwicklungsorientiert**“ nennen möchte. Es sind dies Themen, die zum Teil komplexer sind als das Klein-Klein des Tagesgeschäfts, die aber nichtsdestotrotz geklärt und erledigt werden müssen. Entwicklungsorientierte Themen benötigen Raum und Zeit für Reflexion und Diskussion. Sollten also in administrativen oder operativen Besprechungen entwicklungsorientierte Themen zur Sprache kommen, dann hat der Gesprächsleiter bzw. die Führungskraft ein entsprechendes Format zur Hand. Er oder sie kann diese Themen auf die Tagesordnung der nächsten entwicklungsorientierten Besprechung setzen.

So fühlt sich beispielsweise der Ideengeber für eine neue Entwicklung in einer operativen wöchentlichen Mitarbeiterbesprechung nicht „abgewürgt“ und demotiviert, wenn die ihm wichtige Idee nicht sogleich besprochen wird. Sie erhält einen hinreichenden Zeitraum in dem entwicklungsorientierten Format. Jeder im Team kann sich darauf vorbereiten und sich sowohl auf das Thema als auch auf die Besprechungsdauer als solche einstellen.

Diejenigen, die im administrativen bzw. operativen Meeting von dem entwicklungsorientierten Thema des Kollegen überrascht werden, fühlen sich weder „überrumpelt“ noch genervt, weil noch andere, dringend zu klärende Themen des Tagesgeschäfts anstehen und nicht behandelt zu werden drohen. Außerdem sind sie nicht auf ein längeres Meeting eingestellt und haben bereits Anschlusstermine vereinbart. Somit werden durch das entwicklungsorientierte Format auch die Interessen der Kollegen angemessen berücksichtigt.

Insbesondere die **strategischen Themen** benötigen Zeit und Raum. Es ist nicht nur unmöglich eine Strategie quasi zwischen Tür und Angel zu diskutieren. Es ist auch in einem hohen Maße unprofessionell, wenn man es denn trotzdem versucht.

Eine sehr gut vorbereitete und durchgeführte Strategieklausur ist ein wesentlicher Erfolgsfaktor für eine inhaltlich gute Strategie, wovon das vorige Kapitel handelte.

Ein wesentlicher Erfolgsfaktor für die Umsetzung der Strategie sind regelmäßige Follow-Up-Meetings. Sie dienen zum einen dazu, das Ausmaß der Zielerreichung zu überprüfen. Zum anderen geht es bei den Strategie-Follow-Up-Meetings um die Kontrolle der Umsetzung der vereinbarten strategischen Handlungspläne. Dazu gehören nicht nur der Statusbericht und die Fortschrittskontrolle. Auch der Austausch der Mitglieder des Führungsteams untereinander ist ein wesentliches Element des organisationalen Lernens und der Entwicklung. Und schließlich können in diesem Rahmen auch notwendige Anpassungen der Maßnahmenpläne diskutiert und entschieden werden, wenn sich die Rahmenbedingungen geändert haben sollten. Die Follow-Up-Meetings organisieren auf diese Art und Weise die Agilität von Unternehmen.

Die Teilnehmer müssen jedoch auch darauf achten, dass dieselben Diskussionen nicht mehrfach geführt werden. Es wird vorkommen, dass nicht alle Mitglieder eines Führungsteams getroffene strategische Entscheidungen mit dem gleichen Enthusiasmus umsetzen wollen, auch wenn im Sinne einer guten Partizipation alle Teammitglieder im Selbstbewertungs-Workshop und in der Strategieklausur die Möglichkeit hatten, sich hinreichend einzubringen.

Es ist jedoch für die Umsetzung der Strategie wichtig, dass *alle* Mitglieder des Führungsteams den „Rubikon überschreiten". Dies kann man daran erkennen, ob und inwieweit die Diskussionen in den Follow-Up-Meetings ausschließlich oder zumindest überwiegend das *Wie* zum Inhalt haben. *Wie* gelingt es uns, die strategischen Maßnahmen umzusetzen?

Wenn Fragen des *Ob* („Sollen wir das überhaupt tun?") oder des *Was* („Ich habe Zweifel, ob das überhaupt noch die richtige Maßnahme zur Zielerreichung ist.") zu sehr im Vordergrund stehen, dann haben einzelne Teammitglieder den Rubikon eben noch nicht überschritten. Sie haben sich - um das Eingangszitat von Goethe nochmals aufzugreifen - eben nicht endgültig einer Aufgabe verschrieben. Mitarbeiter haben eine ganz feine Antenne für solche Dissonanzen im Führungsteam. In der Folge sollte sich niemand wundern, wenn es an einer entschlossenen und hartnäckigen Verfolgung der Umsetzung von beschlossenen strategischen Maßnahmen mangelt.

Boni und Incentives

Boni und Incentives sind nicht zuletzt seit der Finanzkrise der Jahre 2008/ 2009 in Verruf gekommen. Nicht wenige Unternehmen sind seitdem von der Vereinbarung individueller Boni abgerückt. Dafür gibt es in der Tat gute Argumente.

Gleichwohl haben Boni und sonstige Anreize grundsätzlich funktioniert. Die Frage ist nur für wen! Gut funktioniert haben die Boni für die Empfänger derselben. Weniger gut funktioniert haben die Boni für die Unternehmen, die diese in der Absicht gezahlt haben, ihre Geschäft zu befeuern.

Und hier liegt auch die Krux von Boni und Incentives: Wenn es nicht gelingt, die unternehmerischen mit den persönlichen Zielen so zu verknüpfen, dass ein Zielkonflikt in hohem Maße ausgeschlossen werden kann, dann sollte man meines Erachtens in der Tat auf dieses Instrument der Umsetzungsförderung vermeintlich zielführender Maßnahmen verzichten.

Wenn zum Beispiel die Deutsche Bank auch dann noch Boni in Höhe von einer Milliarde Euro zahlt und gleichzeitig einen Verlust von einer halben Milliarde Euro „erwirtschaftet", dann kommt selbst ein Vorstandschef in große Erklärungsnöte.[32]

Werden Boni allerdings als Erfolgsprämien an wirtschaftliche Erfolgsindikatoren des *Gesamtunternehmens* gekoppelt, anstatt an persönliche Einzelziele, dann sind sie nach wie vor geeignet, die Umsetzung strategischer Ziele zu unterstützen. Solche Erfolgsindikatoren könnten zum Beispiel der *Return*

[32] http://www.faz.net/aktuell/wirtschaft/john-cryan-rechtfertigt-deutsche-bank-boni-15429123.html. 06.04.2018 10.10 Uhr.

on Invest (ROI für das Unternehmen), das Betriebsergebnis oder die Umsatzrendite sein.

Kontraproduktiv sind allerdings Prämien für persönliche Ziele, die konfliktär zu Unternehmenszielen stehen oder Prämien für individuelle Bemühungen, leider oft genug auch für erfolglose Bemühungen.

In diesem Zusammenhang möchte ich nochmals auf ein Zitat hinweisen: „Dennoch ist der letztendliche Prüfstein des Managements die Leistung. Die Ergebnisse, weniger das Wissen, bleiben notwendigerweise sowohl das Ziel als auch der Beweis.“ (Drucker P. F., S. Band 1, S. 53)

Zusammenfassung

Strategien und Pläne sind notwendig für eine gute Unternehmensführung. Aber sie sind nicht hinreichend. Strategien und Pläne, die nicht umgesetzt werden, sind nichts weiter als gute Absichten. Aus diesem Grunde sollten Unternehmen den größten Wert auf die Umsetzungen legen.

Führung hat sowohl eine organisationale (Unternehmensführung) als auch eine individuelle (Mitarbeiterführung) Komponente. Unternehmensführung und Mitarbeiterführung sind allerdings nur in der Theorie so sauber zu trennen, in der Praxis sind sie aufs Engste verwoben.

Ich habe in diesem Abschnitt einige organisationale Hilfsmittel erörtert, die für eine Umsetzung der strategischen Handlungspläne förderlich sind.

Ferner habe ich verdeutlicht, dass die notwendige Handlungskompetenz eine sehr individuelle Angelegenheit ist. Ein nicht unerheblicher Teil der Handlungskompetenz liegt in der Persönlichkeit und den Verhaltenspräferenzen der Menschen bzw. der Führungskräfte begründet. Der „Praxistipp: Führungskräfteauswahl" hat sich damit befasst. Führungskräfte, die niedrige Ausprägungen in den relevanten Persönlichkeitsmerkmalen aufweisen, werden sich mit „harten" Entscheidungen und deren Umsetzung schwertun. Sie werden wahrscheinlich öfter und länger als notwendig in der prädezisionalen Handlungsphase des Abwägens verharren und als zögernde Personen wahrgenommen.

Aber selbst wenn die Führungskraft beharrlich, entscheidungs- und umsetzungsstark ist, so ist sie doch in ihrer Eigenschaft als Führungskraft notwendigerweise auf die Mitwirkung der Mitarbeiter angewiesen.

Die diesbezüglich entscheidende Frage lautet: Inwieweit gelingt es der Führungskraft, ein Führungsverhalten an den Tag zu legen, das die Mitarbeiter dazu anregt, ihre Fähigkeiten und Fertigkeiten in hohem Maße zum Erreichen der (strategischen) Unternehmensziele einzubringen?

Die „Mitarbeiterführung" umfassend zu behandeln, wäre Thema einer separaten Publikation, sprengt also den Rahmen und die Absicht dieses Buches bei Weitem. Gleichwohl möchte ich zum Abschluss des ersten Teils dieses Buches dem Thema Mitarbeiterführung ein Kapitel widmen. Es soll in einer kurzen Zusammenfassung den aktuellen Stand der Forschung zu wirksamem Führungsverhalten darstellen.

Kapitel 7 - Wirksames Führungsverhalten

Vorbild ist nicht eine Möglichkeit, andere zu beeinflussen, sondern die einzige!

(Albert Einstein)

Nur effektive Führung ist gute Führung, sie zählt zu den wichtigsten Erfolgsfaktoren in Unternehmen. Effektivität - von lateinisch *effectivus* „bewirkend“ - ist ein Maß für Wirksamkeit. Es beschreibt das Verhältnis von erreichtem Ziel zu definiertem Ziel. Wirksame Führung ist demnach ohne Ziele nicht denkbar; sie sind der Wesenskern von (effektiver) Führung.

Eine gute Führungsqualität weist demnach positive Zusammenhänge auf mit der Produktivität, Profitabilität und Überlebensrate von Unternehmen. (Bloom & Van Rennen, 2007)

So konnte in einer umfangreichen Studie gezeigt werden, dass sich rund ein Drittel des Unterschieds bei den Betriebsergebnissen von Unternehmen durch die unterschiedliche Qualität der Unternehmens- und Mitarbeiterführung erklären lässt. (Hauser, Schubert, & Aicher, 2008)

Der wirtschaftliche Erfolg eines Unternehmens ist zweifellos ein Schlüsselerfolgsindikator, an dem sich auch wirksame Führung, mithin der Führungserfolg messen lassen muss. Gute Führung ist jedoch keine einseitig auf den Shareholder ausgerichtete Führung. Gute Führung ist ganzheitliche Führung, die auf die berechtigten Interessen aller Anspruchsgruppen angemessen ausgerichtet ist. Insofern bewirkt gute Führung auch herausragende Ergebnisse bei *den* Erfolgsindikatoren, die in den vorangegangenen Kapiteln erläutert wurden.

Es bleibt daher noch die abschließende Schlüsselfrage zu beantworten: Wie können unmittelbare persönliche Führung (Mitarbeiterführung) und die Führung von Unternehmen durch Strukturen, Systeme und Prozesse (Unternehmensführung) gestaltet werden, um die Erfolgsindikatoren im bestmöglichen bzw. im angestrebten Ausmaß positiv zu beeinflussen?

Auch wenn dieses Buch in erster Linie der Unternehmensführung gewidmet ist, so bliebe es doch unvollständig, wenn nicht in diesem letzten Kapitel des ersten Teils auch die unmittelbare persönliche Führung wenigstens skizziert würde.

Wenngleich - wie im letzten Kapitel gezeigt - das Führungsverhalten erheblich von angeborenen Persönlichkeitsmerkmalen und Verhaltensdispositionen sowie frühen Sozialisationserfahrungen geprägt ist, so bleibt das menschliche Verhalten doch bis ins hohe Alter durch Lernen veränderbar. Das Kapitel befasst sich daher im Wesentlichen mit Ansätzen wirksamen Führungs*verhaltens*.

Um angesichts der vielfältigen theoretischen Zugänge einen guten Einstieg in die Thematik zu finden, folgt zunächst eine kurze Zusammenfassung der wichtigsten theoretischen Ansätze im historischen Verlauf der Führungsforschung. Auch wenn die einzelnen Ansätze, zumindest in Teilbereichen, bis heute Ihre Gültigkeit nicht verloren haben, widme ich den wesentlichen Teil dieses Kapitels dem *Full*

Range of Leadership Model von Bass und Avolio (Bass & Avolio, Improving organizational effectiveness through transformational leadership, 1994). Dieses Modell wird ergänzt um Ansätze des situativen Führens, wie sie im top-aktuellen *Leadership Style Assessment* berücksichtigt werden.

Führungstheorien im Überblick

Seit Beginn des 20. Jahrhunderts verfolgt die Führungsforschung das Ziel, Theorien zur Erklärung und Vorhersage von effektiver Führung zu entwickeln sowie Methoden zum Transfer der Forschungsergebnisse in die betriebliche Praxis und in die Programme zur Führungskräfteentwicklung zur Verfügung zu stellen.

Nachfolgend stelle ich fünf theoretische Schulen in einem Überblick vor, die in der Führungsforschung bis zum heutigen Tag große Beachtung gefunden und die jeweils nachfolgenden Forschungen geprägt haben.

Personalistische Ansätze betrachten stabile Persönlichkeitsmerkmale einer Person - unabhängig von Zeiten und Situationen - als wesentliche Bestimmungsgröße von effektiver Führung.

Zu einer der wichtigsten Theorien in dieser Gruppe zählt die Motivationstheorie von McClelland (McClelland, N achievement and entrepreneurship: A longitudinal study, 1965) (McClelland D. , 2009). Die Motivationstheorie untersucht die Zusammenhänge zwischen den Motivstrukturen einer Führungskraft und den Kriterien des Führungserfolges. Drei grundlegende Motive stehen dabei im Zentrum der Betrachtung im beruflichen Kontext:

- Leistungsmotiv,
- Machtmotiv und
- Anschlussmotiv.

Ein hohes Leistungsmotiv ist lediglich auf niedrigen Führungsebenen (dem Führen von Mitarbeitern) erfolgsförderlich, wenn Einzelleistungen stärker zählen als der Einfluss auf andere.

In höheren Führungsebenen (beim Führen von Führungskräften bzw. Organisationen) tritt dagegen das Machtmotiv in den Vordergrund, definiert als das Bedürfnis der Einflussnahme auf andere Menschen. Das Machtmotiv ist untergliedert in zwei Erscheinungsformen:

Personen mit einem hohen *sozialisierten* Machtmotiv üben Einfluss auf sozialverträgliche Weise aus. Hingegen dominieren Personen mit einem ausgeprägten *personalisierten* Machtmotiv andere auch in sozial nicht verträglicher Art und Weise. Für Führungsaufgaben gilt ein mittleres bis hohes sozialisiertes Machtmotiv förderlich, weil Führungskräfte andere Personen und Entscheidungen qua Funktion beeinflussen müssen.

Das Anschlussmotiv bezeichnet das (natürliche) Bedürfnis von Menschen, sich sozialen Gruppen anzuschließen bzw. die Befürchtung, zurückgewiesen zu werden. Da Führungskräfte auch schwierige Entscheidungen treffen müssen, die für Mitarbeiter unangenehme Auswirkungen haben können, gilt ein hohes Anschlussmotiv als hinderlich. Erfolgreiche Führungskräfte sind daher eher gering anschlussmotiviert.

Eine der zentralen Annahmen weiterer Theorien, die personalisierte Ansätze verfolgen, lautet, dass Personen mit bestimmten Merkmalen von anderen wahrscheinlicher als Führungskraft wahrgenommen werden als Personen, die nicht über diese Persönlichkeitsmerkmale verfügen.

In einer Vielzahl von Studien konnten Zusammenhänge zwischen Persönlichkeitseigenschaften und Führungserfolg bestätigt werden. Eine Metaanalyse (Judge, Bono, Ilies, & Gerhardt, 2002) identifizierte folgende Persönlichkeitsmerkmale als Variablen, die den Führungserfolg im stärksten Maße vorhersagen (Prädiktoren):

- Extraversion (insbesondere die Unteraspekte Dominanz und Geselligkeit);
- Gewissenhaftigkeit (insbesondere die Unteraspekte Leistungsstreben und Zuverlässigkeit);
- Offenheit für Erfahrung.

Auffällig ist in diesem Zusammenhang, dass die Persönlichkeitsmerkmale auch Anknüpfungspunkte zu den o.a. Motivstrukturen aufweisen (Dominanz entspricht dem Machtmotiv, das Streben nach Leistung eben dem Leistungsmotiv).

Die Offenheit für Erfahrung wird in einer sich rasch ändernden VUCA-Welt sicher noch an Bedeutung gewinnen.

Die Ergebnisse dieser Studien zeigen, dass die Persönlichkeit definitiv ein relevanter Aspekt effektiver Führung war, ist und auch bleiben wird. Die berichteten Zusammenhänge sind jedoch nicht stark genug, um Führungserfolg allein diesen Persönlichkeitsmerkmalen zuzuschreiben. Ohne weitere Variablen, wie zum Beispiel Führungsverhalten, ist Führungserfolg weder zu erklären noch mit hinreichender Sicherheit vorherzusagen.

Verhaltensorientierte Ansätze stellen das konkrete Verhalten von Führungskräften in den Vordergrund der Betrachtung. Kann man Verhaltensweisen so klassifizieren, dass sich anhand bestimmter Verhaltensdimensionen effektive von ineffektiven Führungskräften unterscheiden lassen?

Schon früh wurde zwischen Mitarbeiterorientierung und Aufgabenorientierung unterschieden. Diese Unterscheidung ist auch heute noch aktuell. Hinsichtlich der Arbeitsleistung von Teams und Organisationen gibt es keine signifikanten Unterschiede zwischen Mitarbeiter- und Aufgabenorientierung. Allerdings sind die Zusammenhänge zwischen Mitarbeiterorientierung und Zufriedenheit sowie Motivation der Mitarbeiter signifikant positiv. (Judge, Piccolo, & Ilies, The forgotten ones? The validity of consideration and initiating structure in leadership research, 2004). Dieser Aspekt ist in Zeiten der Knappheit von Fach- und Führungskräften nicht zu unterschätzen.

Kontingenztheoretische Ansätze beziehen situative Merkmale ein (z.B. Charakteristika von Mitarbeitern, der Aufgabe oder des Unternehmens). Die grundlegende und plausible Annahme ist, dass die Effektivität von Führungsverhalten durch die jeweilige Situation (mit)bestimmt wird. Der wohl bekannteste Ansatz in dieser Kategorie, das Kontingenzmodell der Führung nach Fiedler, leitet

Handlungsempfehlungen für Führungskräfte von zwei Situationsfaktoren ab (Fiedler, 1967):

- Den Kontrollmöglichkeiten der Führungskraft, die wiederum bestimmt wird durch die Qualität der Beziehung zwischen Führungskraft und Geführten, durch ihre Positionsmacht und durch die Aufgabenstruktur;

- Dem Fokus der Führungskraft auf Mitarbeiter oder Aufgaben, bestimmt durch den LPC-Wert des *Least Preferred Coworkers*. Darin kommt zum Ausdruck, wie der Vorgesetzte den Mitarbeiter beurteilt, mit dem er am schlechtesten zusammenarbeiten kann.

Auch wenn sich die kontingenztheoretischen Ansätze durch einen gewissen Praxisbezug auszeichnen, sind die empirischen Grundlagen für die abgeleiteten Schlussfolgerungen nur sehr eingeschränkt vorhanden. Auch der Zusammenhang zwischen diesen Ansätzen und dem Führungserfolg konnte nicht zufriedenstellend nachgewiesen werden.

Wenn ich an dieser Stelle dennoch auf den Ansatz eingehe, dann vor allem deshalb, weil die Betrachtung einer Interaktion zwischen Person und Situation von großer Wichtigkeit für die weitere Führungsforschung war und in dem bereits erwähnten Leadership Style Assessment berücksichtigt wurde.

Macht- bzw. Einflussansätze betrachten Führung als sozialen Prozess der wechselseitigen Beeinflussung von Führungskraft und Geführtem. Diese Ansätze beschäftigen sich damit, welche Formen der Machtausübung und Einflussstrategien in Zusammenhang mit effektiver Führung stehen. Dabei haben sich insbesondere Macht aus einem Expertenstatus heraus sowie hohe Identifikation der Geführten mit der Führungskraft als positive Einflüsse auf Leistung und Arbeitszufriedenheit herausgestellt (Carson, Carson, & Roe, 1993). Zu den Einflussansätzen gehört auch das Konzept des Charismas, das erstmals von Max Weber beschrieben wurde ((Weber, 1921/22) Das Werk wurde nach Webers Tod 1921/22 von seiner Frau herausgegeben. Erörterung in: Kapitel III. Die Typen der Herrschaft. § 10: Charismatische Herrschaft. Dieses Kapitel hat Weber bereits 1918-20 verfasst). Bei Charisma handelt es sich um eine spezielle, weitgehend angeborene Qualität, die Führungskräfte besitzen (oder auch nicht) und die es ihnen erlaubt, andere zu inspirieren. Charismatische Führungstheorien thematisieren, wie Führungskräfte affektive Reaktionen bei ihren Mitarbeitern auslösen, also eine emotionale Bindung erzeugen, das Selbstwertgefühl der Mitarbeiter steigern sowie vertrauensvolle Beziehungen schaffen und so ihre Wirkung gerade unter Ausnahmebedingungen entfalten, so zum Beispiel in Krisenzeiten.

Schließlich sollen die aktuellen Entwicklungen der *werteorientierten Ansätze* der Führungsforschung nicht unerwähnt bleiben, die besonders die Verbindung von moralischer Werteorientierung der Führungskraft einerseits und Einstellungen, Verhaltensweisen und Leistung der Mitarbeiter andererseits beleuchten. In diesen Bereich fallen insbesondere

- die ethische Führung (Brown & Trevino, 2006),

- die authentische Führung (Avolio, Gardner, Walumbwa, Luthans, & May, 2004) sowie

- die dienende Führung, *Servant Leadership* (Pircher Verdorfer & Peus, 2014).

Das Full Range of Leadership Model

Bass und Avolio postulieren in ihrem *Full Range of Leadership Model* ein breites Spektrum von Verhaltensweisen einer Führungskraft, die anhand ihrer Aktivität und Effektivität entlang zweier Achsen eingeteilt werden.

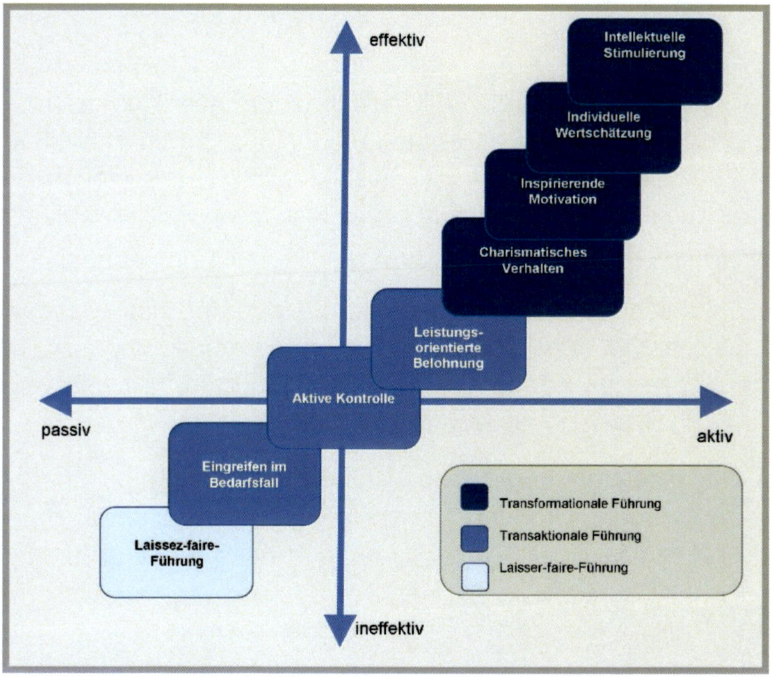

Abbildung 19: Full Range of Leadership Model (Eigene Darstellung in Anlehnung an (Bass & Riggio, 2006)

Die Achsen verlaufen in der Bandbreite passiv – aktiv bzw. ineffektiv – effektiv.

Das Modell umfasst drei Führungsstile: transformationale, transaktionale und Laisser-faire-Führung. Das Spektrum an entsprechendem Führungsverhalten im Bereich der aktiven Mitarbeiterführung wird durch die transaktionale und die transformationale Führung abgedeckt. Den theoretischen Erkenntnissen folgend kann man davon ausgehen, dass transaktionale Führung in Routinesituationen durchaus effektiv ist. Im Unterschied zur transformationalen Führung schafft sie es jedoch nicht, außergewöhnliche Leistungsbereitschaft und Innovation auf Seiten der Mitarbeitenden auszulösen.

Die vier Dimensionen der transformationalen Führung entsprechen sich in ihrer Ausprägung hinsichtlich Aktivität und Effektivität. Sie sind diesbezüglich als gleichwertig anzusehen, wobei die Effektivität von der jeweiligen Situation abhängig ist.

Das passive Verhaltensspektrum wird im *Full Range of Leadership Model* vor allem durch Verhaltensweisen des Laissez-faire-Führungsstils abgedeckt, zum Teil aber auch durch Dimensionen der transaktionalen Führung.

Die insgesamt acht Dimensionen des Führungsverhaltens und deren Zuordnung zu den drei genannten Führungsstilen sind in der o.a. Abbildung dargestellt und werden nachfolgend erörtert.

Laisser-faire Führung

Laisser-faire-Führung ist im *Full Range of Leadership Model* dem passiven und inaktiven Bereich des Führungsverhaltens zugeordnet.

Laisser-faire-Führung ist zwar eine Verhaltensweise, aber im Grunde ist es eine Form der Nicht-Führung. Charakteristisch für diese Art der „Führung“ ist einerseits die fehlende Bereitschaft zur Übernahme von Verantwortung (kennzeichnend für den hohen Grad an Passivität) sowie andererseits die Vermeidung von Entscheidungen durch die Führungskraft. Laisser-faire-Führung wird daher grundsätzlich als ineffektiv angesehen.

Aus der Erfahrung von mehreren hundert Workshops im Nachgang von 180°-Führungsfeedbacks zwischen der jeweiligen Führungskraft und den Geführten kann ich die Befunde von Skogstad und Kollegen nur bestätigen. Sie stellten nämlich sogar eine Häufung intra- und interpersoneller Konflikte in der Zusammenarbeit fest, wenn Führungsverhalten ausbleibt. (Skogstad, Einarsen, Torsheim, Aasland, & Hetland, 2007)

Transaktionale Führung

Der transaktionale Führungsstil bezeichnet ein Führungsverhalten, das auf dem Austauschverhältnis zwischen einer Führungskraft und ihren Mitarbeitern beruht. Ein typisches Beispiel ist die Zielvereinbarung, in der geregelt ist, welche Erwartungen an den Mitarbeiter gestellt werden und welche finanziellen oder immateriellen Vorteile (oder Nachteile) er zu erwarten hat, wenn er die Anforderungen erfüllt (oder nicht erfüllt). Die Transaktionale Führung umfasst drei Dimensionen:

- Eingreifen im Bedarfsfall (*management by exception*). Die Führungskraft greift erst ein, wenn es zu Problemen kommt.

- Aktive Kontrolle (*management by exception active*). Die Führungskraft kontrolliert aktiv, findet Fehler und korrigiert diese.

- Leistungsorientierte Belohnung (*contingent reward*). Die Führungskraft setzt oder vereinbart S.M.A.R.T.-Ziele und anerkennt deren Erfüllung durch geeignete Maßnahmen.

Die Nennung der transaktionalen Führungsstile folgt in der Reihenfolge der Einschätzung von Aktivität und Effektivität. Die leistungsorientierte Belohnung ist die aktivste und effektivste Form der transaktionalen Führung.

Es existiert eine Vielzahl von Studien, die diese Bewertung stützen. Insbesondere werden positive Zusammenhänge berichtet zwischen der Leistung von Gruppen und l*eistungsorientierter Belohnung*, was bei den anderen beiden transaktionalen Führungsstilen nicht der Fall ist. (Judge & Piccolo, *Transformational and transactional leadership: a meth-analytic test of their relative validity*, 2004)

Transformationale Führung

Transformationale Führung ist ein Konzept für einen Führungsstil, bei dem durch das Transformieren von Zielen, Werten und Einstellungen der Geführten - weg von egoistischen, individuellen Zielen, hin zu langfristigen, übergeordneten Ziele des Unternehmens - eine Leistungssteigerung stattfinden soll. Transformationale Führungskräfte versuchen, das intrinsische Motivierungspotenzial ihrer Mitarbeiter zu aktivieren, indem sie beispielsweise attraktive Visionen vermitteln, den gemeinsamen Weg zur Zielerreichung kommunizieren, als Vorbild auftreten und die individuelle Entwicklung der Mitarbeiter unterstützen.

In der Theorie von Bass und Avolio werden die Verhaltensweisen, die ein günstiges Verhalten einer transformationalen Führungskraft beschreiben, vier verschiedenen Kategorien der transformationalen Führung, den sogenannten „vier Is" zugeordnet:

- *Vorbildfunktion* bzw. *Charismatisches Verhalten (idealized influence*)
  Die Führungskraft handelt als charismatisches, werteorientiertes Vorbild. Sie wird als integer und glaubwürdig wahrgenommen. Sie dient den Mitarbeitern als Vorbild, an dem sie sich menschlich und fachlich orientieren.

- *Inspirierende Motivation (inspirational motivation)*
  Mit einer inspirierenden Vision versuchen transformationale Führungskräfte, die intrinsische Motivation ihrer Mitarbeiter zu steigern. Sie motivieren ihre Mitarbeiter zu besonderen Anstrengungen. Sie kommunizieren eine attraktive Vision und daraus abgeleitete hohe Leistungsziele. Sie vermitteln Sinn und Bedeutung und

machen damit deutlich, wofür es sich lohnt, Zeit und Energie zu investieren. Sie strahlen Zuversicht und Optimismus aus, dass die Ziele auch erreicht werden können.

Mit den ersten beiden Kategorien ist auch das Charisma einer Führungskraft gut beschrieben.

- *Individuelle Wertschätzung (individualized consideration)*
  Die Führungskraft handelt als Mentor und Coach und geht dabei auf die individuellen Bedürfnisse ihrer Mitarbeiter ein. Die individuelle fachliche und persönliche Weiterentwicklung der Mitarbeiter ist ihr ein besonderes Anliegen. Dabei gelingt es der Führungskraft in besonderem Maße, die individuellen Bedürfnisse zu erkennen, Motive zu wecken und Selbstvertrauen zu entwickeln.

- *Intellektuelle Stimulierung (intellectual stimulation)*
  Die Führungskraft ermutigt ihre Mitarbeiter und regt sie dazu an, kreativ und innovativ zu denken, sodass diese sich im positiven Sinne herausgefordert fühlen, die Unternehmensprozesse zu hinterfragen und zu optimieren. Durch konstruktiv-kritische Reflexion sollen neue Lösungswege erarbeitet werden.

Die Dimensionen der transformationalen Führung werden als aktives und effektives Führungsverhalten im *Full Range of Leadership Model* eingeordnet. Transformationale Führung ist einer der einflussreichsten Führungsstile der letzten Jahrzehnte. Seit Mitte der Achtzigerjahre wurden zur transformationalen Führung mehr empirische Studien veröffentlicht als zu allen anderen bekannten

Führungstheorien. Die empirischen Untersuchungen widmeten sich vorrangig den Zusammenhängen zwischen transformationaler Führung und den subjektiven Einstellungen und Verhaltensweisen von Mitarbeitern sowie objektiv gemessenen Leistungskriterien.

Metaanalysen untermauern die positiven Zusammenhänge transformationaler Führung unter anderem mit der Arbeitszufriedenheit der Mitarbeiter, ihrer Motivation und der Verbundenheit mit dem Unternehmen sowie der Leistung der Führungskraft, der Arbeitsgruppe und des Unternehmens. Mitarbeiter sind bereit, mehr zu leisten als formal von ihnen erwartet wird. (Judge & Piccolo, *Transformational and transactional leadership: a meth-analytic test of their relative validity*, 2004)

Aufgrund der langjährigen Forschungsarbeiten existieren darüber hinaus auch Befunde, die dafür sprechen, dass sich transformationale Führung auch wirtschaftlich auszahlt.

Transformationale Führung scheint in einer VUCA-Welt besonders effektiv zu sein. Zu den bereits untersuchten Kontextzusammenhängen zählen ein dynamisches, unsicheres Umfeld, Krisen und eine dezentralisierte Organisationsstruktur (Pawar & Eastman, 1997).

Leadership Style Assessment (LSA) und Zusammenfassung

Es ist unmittelbar einsichtig und plausibel, dass es kein bestimmtes Führungsverhalten, keinen Führungsstil gibt, der zu jeder Zeit und in jeder Situation effektiv ist. Führungskräfte sind jeden Tag mit einer Vielzahl verschiedener Situationen konfrontiert. Eine gute Führungskraft passt daher ihr Verhalten an die Situation an, in der sie jeweils handelt.

Trotzdem beschäftigten sich die meisten Theorien - wie dargestellt - nicht mit situationsbedingt variablem Verhalten, sondern generellen Konzepten effektiver Führung oder persönlichen Eigenschaften der Führungskraft. Die Berücksichtigung und Analyse situativer Faktoren wurde in den letzten Jahren zunehmend gefordert und soll zu einem besseren Verständnis von effektiver Führung beitragen.

Auf der Basis des *Full Range of Leadership Models* und unter Berücksichtigung der vorhandenen und skizzierten Ansätze zur situativen Führung haben Peus und Kollegen (Peus, Braun, & Frey, 2015) das *Leadership Style Assessment (LSA)* entwickelt.

Die Grundidee des Verfahren besteht darin, transformationale und transaktionale Führung im Rahmen konkreter Situationen zu erfassen. Die Autoren nutzen dabei das Prinzip des *Situational Judgement Tests.* Hierbei handelt es sich um ein simulationsorientiertes Verfahren, bei dem die teilnehmende Person mit Beschreibungen konkreter Situationen des Berufsalltags konfrontiert und nach ihrem wahrscheinlichen Verhalten in dieser Situation befragt wird. *Situational Judgement Tests* besitzen eine relativ hohe prognostische

Validität. Das von den Autoren verfolgte Ziel des LSA besteht darin, situationsbasiert effektives und ineffektives Führungsverhalten nach dem *Full Range of Leadership Model* zu erfassen.

Das Verfahren kann einerseits von der Führungskraft allein im Rahmen einer Selbsteinschätzung angewendet werden. Die Ergebnisse werden sodann mit einem theoretischen Idealbereich verglichen, sodass eine Einordnung von persönlichen Stärken und Entwicklungsfeldern der Führungskraft möglich ist. Es muss in diesem Fall einschränkend berücksichtigt werden, dass selbst bei einem positiven Selbstbild die Wirkung der Führungskraft auf ihre Mitarbeiter (äußerst) negativ sein kann. So habe ich in weit über 400 durchgeführten Workshops im Nachgang von 180°-Führungsfeedbacks zwischen der jeweiligen Führungskraft und den Geführten – wenig überraschend - keine einzige Führungskraft erlebt, die sich selbst als „schlechte" Führungskraft eingeschätzt hat. Nur der Vollständigkeit halber möchte ich an dieser Stelle erwähnen, dass die Wahrnehmung der geführten Mitarbeiter davon durchaus und zum Teil sehr verschieden war.

Wirkungsvoller scheint mir daher die vorgesehene Anwendung des LSA unter Einbeziehung der geführten Mitarbeiter zu sein. Der Ergebnisbericht sieht in diesen Fällen eine Gegenüberstellung zwischen Selbst- und Fremdeinschätzung vor. Auf diese Weise erhält die Führungskraft ein Feedback, das ihr auch Zugang zu den Aspekten des Führungsverhalten verschafft, die von ihr selbst nicht (mehr) wahrgenommen werden (blinder Fleck).

Insgesamt handelt es sich beim LSA um einen innovativen und aufgrund der großen Praxisnähe äußerst begrüßenswerten Ansatz für die Entwicklung einer wirksamen und zeitgemäßen Führungskultur. Es ist zu wünschen, dass das LSA auf großes Interesse seitens der Führungskräfteentwicklung stößt, denn es bietet das Potenzial, Führungskräfte und Geführte faktenbasiert in einen fruchtbaren Dialog über Führungsverhalten eintreten zu lassen.

Teil 2 Führungshandbuch für den Mittelstand – Leitfaden für die strategische SWOT-Analyse

Der Nutzen für Ihr Unternehmen

Im ersten Teil des Buches habe ich dargestellt, warum die Qualität der Unternehmensführung seit jeher ein wesentlicher Faktor für den finanziellen Unternehmenserfolg ist. In Zeiten des demografischen Wandels, also des zunehmenden Mangels an Fach- und Führungskräften, wird die von der Unternehmensführung maßgeblich geprägte Unternehmens- und Führungskultur zu einem entscheidenden Erfolgsfaktor werden. Eben diese Fach- und Führungskräfte werden sich jenen Unternehmen zuwenden, bei denen sie ihre persönlichen Werte und ihre Potenziale am besten zur Geltung bringen können.

Für die mittelständischen Unternehmen im ländlichen Raum wird die Verknappung der Fach- und Führungskräfte durch den Trend zur Re-Urbanisierung noch verstärkt werden.

Nach dieser Sensibilisierung und der Behandlung einiger theoretischer Grundlagen im ersten Teil des Buches geht es nun im zweiten Teil darum, die Erkenntnisse in die Praxis umzusetzen. Es ist das Ziel dieses *Führungshandbuchs*, die Unternehmen dabei zu unterstützen, ihre Führungskultur systematisch zu analysieren und zu verbessern.

In drei Schritten zur attraktiven Führungskultur:

1) Mit Hilfe des ersten Abschnitts „Das Bewertungs-modell im IMPROVE®-Zyklus“ erarbeiten die Führungskräfte des Unternehmens die Geschäfts-beschreibung. Die Geschäftsbeschreibung besteht aus zwei Teilen und ist eine Bestandsaufnahme der aktuellen Situation im Unternehmen. Sie bildet somit die Grundlage für den Teil der strategischen SWOT-Analyse, der sich mit den internen Stärken und Schwächen befasst:

   - Ist-Aufnahme der Führungsprozesse und weiterer Erfolgsfaktoren,
   - Ist-Aufnahme der Erfolgsindikatoren sowie der Leistungskennzahlen der Erfolgsfaktoren.

2) Mit Hilfe des zweiten Abschnitts „Die Bewertung im IMPROVE®-Zyklus“ nehmen die Führungskräfte des Unternehmens die Selbstbewertung der beschriebenen Erfolgsindikatoren sowie der Führungsprozesse und Vorgehensweisen vor und leiten daraus …

3) (strategische) Maßnahmen zur Verbesserung der Vorgehensweisen sowie Zielsetzungen für die künftigen Unternehmensergebnisse ab.

Mit anderen Worten: Diese drei Schritte stellen gleichsam die ersten drei Schritte des IMPROVE®-Zyklus dar. Sie bilden den Einstieg in den Prozess der kontinuierlichen Verbesserung auf dem Weg zu einer attraktiven, den Unternehmenserfolg sicherstellenden Führungskultur.

Das Bewertungsmodell im IMPROVE®-Zyklus berücksichtigt, dass

I	die **I**st-Aufnahme der Führungsprozesse dokumentiert ist;
M	**m**essbare Unternehmensziele aus der Analyse der Ist-Aufnahme gesetzt werden;
P	**p**lanmäßige Vorgehensweisen die Umsetzung der Strategie unterstützen.
R	Maßnahmen und Prozesse durchgängig im Unternehmen eingeführt sind, sowie **r**asch und konsequent angewendet werden;
O	die Prozesse und Verfahren permanent **o**ptimiert und agil gesteuert werden;
V	die **v**eränderten Verhaltensweisen und Prozesse stabilisiert und konsolidiert werden;
E	die erzielten **E**rgebnisse in Form von Erfolgsfaktoren und Leistungskennzahlen systematisch erhoben, analysiert und bewertet werden.

Folgender Satz hilft Ihnen dabei, sich den Sinn des Akronyms IMPROVE gut zu merken:

„Nach **I**st-Aufnahme **m**essbar **p**lanen und **r**apid **o**ptimieren, um fällige **V**eränderungen in **E**rfolgsergebnisse umzusetzen."

Der IMPROVE®-Zyklus ist eine systematische Weiterentwicklung des tausendfach bewährten PDCA-Zyklus nach

Deming (Plan-Do-Check-Act), der als Begründer der modernen Total-Quality-Management-Modelle gilt.

Das *Führungshandbuch* soll die Führungskräfte dabei unterstützen, Freude an der gestalterischen Kraft wirksamer Führung zu entwickeln und diese auf die Mitarbeiter zu übertragen.

Tue Gutes und rede darüber: Die Unternehmen können die erstellten Dokumente auch als Bewerbungsunterlage für den *BMM-AWARD für Bestes Management im Mittelstand* nutzen.

Der *BMM-AWARD* wird seit 2014 von der 100PersEnt GmbH & Co. KG veranstaltet und in Kooperation mit der *Manufaktur für Führungskultur im Mittelstand e.V.* ausgelobt. Mit dem Wettbewerb werden die Bemühungen der Unternehmen um eine leistungsfähige und attraktive Unternehmenskultur unterstützt. Herausragende Unternehmen werden für ihre Ergebnisse und die besonderen Anstrengungen und Leistungen hinsichtlich der Verbesserung der Führungsqualität ausgezeichnet. Die Teilnehmer verschaffen sich somit die Möglichkeit, ihr Profil als attraktive Arbeitgebermarke in dem härter werdenden Wettbewerb um Fach- und Führungskräfte zu schärfen. Hierdurch ergeben sich für die Unternehmen vielfältige Möglichkeiten, um sich im Rahmen ihrer Employer-Branding-Aktivitäten als attraktiver Arbeitgeber zu positionieren.

Eine hervorragende Führungsqualität führt zu hervorragendem Unternehmenserfolg und zu Mitarbeiterverbundenheit – Führung wird der entscheidende Erfolgsfaktor in Zeiten des demografischen Wandels.

An wen richtet sich das *Führungshandbuch*?

Das *Führungshandbuch* richtet sich in erster Linie an die Geschäftsführungen von mittelständischen Unternehmen sowie an alle Führungskräfte, die für die Umsetzung von Unternehmenszielen verantwortlich sind. Es soll sie dabei unterstützen, eine zeitgemäße Unternehmens- und Führungskultur zu schaffen.

Das *Führungshandbuch* ist ferner ein unentbehrliches Werkzeug für Verantwortliche der Abteilungen „Personal“ und „Qualitätsmanagement“ in den Unternehmen. Die Mitarbeiter dieser Abteilungen stellen mit ihren Prozessen und Managementsystemen die Etablierung einer vom Management definierten Unternehmenskultur sicher.

Wie das agile Prozessmodell der Unternehmensführung und der IMPROVE®-Zyklus die Unternehmensergebnisse verbessern

Alle Unternehmen streben nach Erfolg. Dabei sind sie zu wirtschaftlichem Erfolg quasi per Gesetz verpflichtet. Scheitern sie, müssen sie unter spezifischen Voraussetzungen Insolvenz anmelden. Einige Unternehmen sind nur vorübergehend erfolgreich und unterliegen ansonsten dem allgemeinen Auf und Ab konjunktureller Schwankungen.

Hervorragend geführte Unternehmen zeichnen sich dadurch aus, dass sie dauerhaft und nachhaltig herausragende Ergebnisse erzielen. Das ist nur mit qualifizierten und engagierten Mitarbeitern möglich. Dabei geht es einerseits um die individuellen Fähigkeiten und Fertigkeiten jedes Einzelnen. Darüber hinaus ist es jedoch die Aufgabe von Führungskräften - ähnlich der Rolle eines Dirigenten - die

Potenziale der Mitarbeiter auf die Unternehmensziele auszurichten und die Zusammenarbeit der Mitarbeiter optimal zu koordinieren.

Um erfolgreich am Markt bestehen zu können, benötigen daher alle Unternehmen eine geeignete Systematik für ihr Führungshandeln. Das agile Prozessmodell der Unternehmensführung und der IMPROVE®-Zyklus bieten eine solche Grundstruktur. Sie stellen ein an den praktischen Erfordernissen ausgerichtetes, hervorragend fundiertes Denkmodell der Unternehmensführung und der Mitarbeiterführung dar.

Das Angebot an Führungstechniken und Führungsstilen ist groß und scheint zyklisch auftretenden „Managementmoden“ zu unterliegen. Das agile Prozessmodell der Unternehmensführung und der IMPROVE®-Zyklus bieten im Gegensatz dazu den Rahmen für eine ganzheitliche Bewertung und nachhaltige Steuerung des Erfolgsfaktors „Führungskultur“.

Dieser Rahmen berücksichtigt die berechtigten Anliegen aller Anspruchsgruppen des Unternehmens, indem diese in Form von konkreten Zielsetzungen sowie Mechanismen der Erfolgskontrolle handhabbar gemacht werden. Das agile Prozessmodell der Unternehmensführung und der IMPROVE®-Zyklus lassen sich daher problemlos mit anderen TQM-Modellen oder Teilsystemen wie ISO 9000 ff, ISO 14000ff etc. verknüpfen. Allen Managementmodellen und Managementsystemen gemeinsam ist die herausragende Rolle der Erfolgsfaktoren „Führung“, „Strategie“ und „Mitarbeiter“. Diese sind wesentlicher Gegenstand dieses *Führungshandbuchs*.

Mit dessen Hilfe können Unternehmen systematisch

- den aktuellen Standort auf dem Weg zu herausragendem Unternehmenserfolg, sowie die zentralen Stärken und Verbesserungspotenziale ihrer Führungskultur bestimmen;

- eine unternehmensspezifische, leistungsfördernde Unternehmens- und Führungskultur entwickeln, die sowohl die Kommunikation innerhalb des Unternehmens als auch die zur Außenwelt wesentlich erleichtert;

- bestehende und geplante Initiativen klar priorisieren und dabei mögliche Reibungsverluste identifizieren und eliminieren;

- die Grundstruktur eines ganzheitlichen Managementsystems etablieren, das die Kerngeschäftsprozesse und die Unterstützungsprozesse sinnvoll zu einem Ganzen integriert.

Der Wunsch und die Hoffnung des Autors ist es, die Freude an der gestalterischen Kraft wirksamer Führung zu vermitteln und so zum Unternehmenserfolg beizutragen. Führungsqualität definiert eine zeitgemäße Führungskultur, in der Leistung mit Freude, Engagement und mit einem hohen Maß an Eigenverantwortung erbracht wird.

Das *Führungshandbuch* ist das geeignete Werkzeug hierfür.

Die Geschäftsbeschreibung im Bewertungsmodell

Das unten abgebildete und im Teil 1 des Buches ausführlich beschriebene Modell bietet eine offene Grundstruktur von Führung in Unternehmen - offen insofern, als es um alle relevanten Erfolgsfaktoren und Prozesssichten ergänzt zu einem TQM-Modell transformiert werden kann. Auf diese Weise kann aus mehreren, ggf. bereits implementierten und isolierten ISO-Managementsystemen ein in sich stimmiger TQM-Ansatz geschaffen werden.

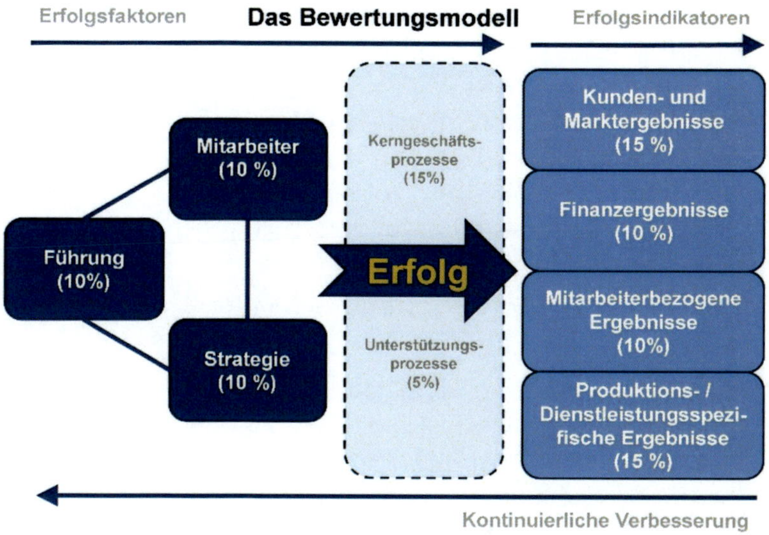

Abbildung 20: Bewertungsmodell in der strategischen SWOT-Analyse: Vier Gruppen von Erfolgsindikatoren und fünf Gruppen von Erfolgsfaktoren dienen als Basis für die Selbstbewertung der ‚Strengths' und ‚Weaknesses' im Rahmen der strategischen SWOT-Analyse. (In Anlehnung an den Malcom Baldrige National Quality Award; (Malorny, 1998, S. S. 170 ff.))

Der Grad der Komplexität wird durch das jeweilige Unternehmen selbst bestimmt. Auf diese Weise werden bürokratische „Monster“ vermieden, ganz im Sinne der mittelständischen Unternehmen. Das Modell macht die Ursache-Wirkungs-Zusammenhänge zwischen den Erfolgsfaktoren einerseits und den vier Gruppen von Erfolgsindikatoren (Geschäftsergebnisse) andererseits transparent. Die drei Erfolgsfaktoren „Führung“, „Strategie“ und „Mitarbeiter“ gelten - durch vielfältigste empirische Belege gesichert - als wichtige, wenn nicht sogar als die wichtigsten Erfolgsfaktoren in Unternehmen.

Jeder Erfolgsfaktor wird in der Folge dokumentiert, um dessen Beitrag im Gesamtmodell zu beschreiben und zu erklären. Die einzelnen Aspekte zu jedem Erfolgsfaktor sind häufig in hervorragenden Unternehmen anzutreffen, was durch verschiedene Studien empirisch belegt werden konnte. Diese Aspekte zu den Erfolgsfaktoren sind implizit in Form von Leitfragen an die Führungskräfte des Unternehmens formuliert. Die Reflexion zu diesen Fragen sowie deren Diskussion im Führungsteam verschaffen den Unternehmen über die strategische SWOT-Analyse den Einstieg in den Bewertungs- und Verbesserungsprozess des IMPROVE®-Zyklus.

Durch die Beantwortung der Fragen entsteht die Ist-Aufnahme zur Führungskultur, die sogenannte Geschäftsbeschreibung. Die Geschäftsbeschreibung sowie die sich daran anschließende Bewertung der Erfolgsfaktoren und Erfolgsindikatoren sind darüber hinaus in hervorragender Weise geeignet, um bei den Führungskräften ein gemeinsames Verständnis vom Unternehmen zu entwickeln (Grundsatz „Partizipation und Lernen“). Aus diesem Verständnis heraus werden Maßnahmen zur kontinuierlichen Verbesserung der Prozesse und der Unternehmensleistung abgeleitet. Diese werden im Zuge der Selbstbewertung adressiert und in der Folge konsequent umgesetzt.

Die Beantwortung jeder einzelnen Detailfrage ist weder verpflichtend noch aufgrund der Verschiedenheit der Unternehmen notwendig. Die Detailfragen als implizite Aspekte der Erfolgsfaktoren und Erfolgsindikatoren sind lediglich zur Orientierung gedacht. Sie sollen zum besseren Verständnis des Kerns der jeweiligen Erfolgsfaktoren sowie der Ursache-Wirkungs-Zusammenhänge im Hinblick auf die Erfolgsindikatoren beitragen.

Die Erfolgsfaktoren „Kerngeschäftsprozesse“ und „Unterstützungsprozesse“ sind - wie weiter oben bereits angedeutet - nicht Gegenstand des *BMM-AWARDs.*

Das offene Führungsmodell bietet allerdings die Möglichkeit, diese Erfolgsfaktoren aus anderen Teil-Managementsystemen wie z.B.

- DIN EN ISO 9000:2000ff. (Qualität),
- DIN EN ISO 14000ff. (Umwelt) oder
- OHSAS 18000 ff. (Arbeitssicherheit und Gesundheit)
- u.a.

zu integrieren. Auf diese Weise kann das Modell zu einem Gesamtkonzept ausgebaut werden, das den Ansprüchen eines Total-Quality-Management-Systems (TQM) nach dem Vorbild des US-amerikanischen *Malcolm Baldrige National Quality Award* oder des *European Quality Award* nach dem Excellence-Modell der European Foundation for Quality Management (EFQM) genügt.

Die Geschäftsbeschreibung ist Ausgangspunkt und Gegenstand der strategischen SWOT-Analyse. Analysiert und bewertet werden die Erfolgsindikatoren des Unternehmens sowie die Erfolgsfaktoren und deren Leistungskennzahlen. Die nachfolgenden Ausführungen dienen der Erstellung der Geschäftsbeschreibung für Ihr Unternehmen und sind Teil der „Ist-Analyse – Bestandsaufnahme zur Führungsqualität" im IMPROVE®-Zyklus.

Die Geschäftsbeschreibung besteht aus drei Teilen:

- dem Unternehmensprofil;
- der Beschreibung der Erfolgsindikatoren (Geschäftsergebnisse) sowie
- der Beschreibung der Erfolgsfaktoren und deren Leistungskennzahlen.

Das Unternehmensprofil beinhaltet eine Kurzbeschreibung des Unternehmens sowie die Beschreibung des Wettbewerbsumfeldes und der wesentlichen strategischen Herausforderungen.

Der Erfolg einer Führungskultur wird sich auch in Zukunft an den bislang üblichen Erfolgsmaßstäben zeigen, im Wesentlichen dem Produkterfolg. Ziel wird es immer sein, den Kunden ein besseres Produkt anzubieten und dies schneller zu bewerkstelligen als die Wettbewerber.

Das ist der wesentliche Unternehmenszweck. Schließlich und letztlich geht es darum, hervorragende Geschäftsergebnisse zu erzielen und diese im Rahmen des Managementsystems zu verfolgen.

Geschäftsergebnisse sind nicht auf die Erfüllung der Ansprüche einzelner Anspruchsgruppen (z.B. Shareholder Value) beschränkt. Vielmehr sind sie im Rahmen des Führungsmodells als Erfolgsindikatoren umfassend im Hinblick auf alle Anspruchsgruppen zu verstehen. Die wesentlichen Erfolgsindikatoren leiten sich in der Regel unmittelbar aus der Unternehmensstrategie ab.

Schließlich wird die Beschreibung der Erfolgsfaktoren und deren Leistungskennzahlen erarbeitet, indem die Fragen zu den einzelnen Aspekten und Teilaspekten der Erfolgsfaktoren beantwortet werden. Die Beantwortung erfolgt regelmäßig und sinnvollerweise in einer Arbeitsgruppe, bestehend aus den Führungskräften des Unternehmens sowie ggf. weiteren Schlüsselpersonen. Auf diese Weise wird die Einbeziehung der Führungskräfte und die Nutzung ihres gesamten Know-hows sichergestellt.

Praxistipp: Geschäftsbeschreibung

Beschreiben Sie die aktuelle Ist-Situation und nicht einen (theoretischen) Wunschzustand, den Sie in der Zukunft anstreben.

Halten Sie sich gerade zu Beginn des IMPROVE®-Zyklus, also wenn Sie die Geschäftsbeschreibung erstmalig erstellen, an die 80:20-Regel. Zielen Sie nicht auf die „perfekte" Geschäftsbeschreibung ab. Es kommt vielmehr darauf an, die Schwerpunkte zu erkennen, mit hinreichender Genauigkeit zu beschreiben und auf diese Weise einer SWOT-Analyse zugänglich zu machen.

In der Folge der Analyse werden zielführende Verbesserungsprojekte angestoßen sowie wirksame Verbesserungen implementiert.

Im Laufe der Zeit, wenn der IMPROVE®-Zyklus mehrmals absolviert wurde, ergibt sich eine "geschliffene" Geschäftsbeschreibung als Koppelprodukt quasi automatisch.

Die Einzelheiten zu den drei Teilen der Geschäftsbeschreibung werden in der Folge detailliert dargestellt.

0. Unternehmensprofil

Beschreiben Sie das Geschäftsumfeld Ihres Unternehmens und die Beziehungen zu den wesentlichen Anspruchsgruppen (Kunden, Kapitalgeber, Mitarbeiter, Lieferanten und andere Partner). Beschreiben Sie auch die wesentlichen strategischen Herausforderungen, denen sich Ihr Unternehmen mittel- und langfristig gegenübersieht.

Gehen Sie dabei auf folgende Fragen ein:

- Welches sind die Kernaktivitäten bzw. Geschäftsbereiche Ihres Unternehmens? In welchem Wettbewerbsumfeld bewegt sich Ihr Unternehmen? Welche wesentlichen technologischen Entwicklungen prägen Ihr Geschäftsumfeld?

- Beschreiben Sie Ihre Unternehmensorganisation. Wie ist Ihr Unternehmen eingebunden, zum Beispiel im Rahmen eines Konzerns oder Unternehmensverbundes? Welche Kontrollgremien gibt es?

- Welches sind Ihre wichtigsten Anspruchsgruppen (Kunden, Kapitalgeber, Mitarbeiter, Lieferanten und andere Partner)? Wie gestalten Sie die Beziehungen zu diesen?

- Beschreiben Sie die wesentlichen strategischen Herausforderungen, mit denen sich Ihr Unternehmen mittel- und langfristig konfrontiert sieht. Gehen Sie dabei beispielsweise auf folgende Teilaspekte ein:

    - Wettbewerbsumfeld,
    - Allgemeine wirtschaftliche Situation des Unternehmens,

- Arbeitsmarkt und demografische Entwicklung,
- technologische und sonstige Herausforderungen.

1. Erfolgsfaktor Führung

Unser Führungsverständnis geht von einem finalen Denkansatz aus: es definiert Führung nach der Zweckbestimmung. Demnach verstehen wir Führung als mittelbare und unmittelbare sowie absichtliche Einflussnahme von Führungskräften auf Mitarbeiter des Unternehmens, um die Unternehmensziele zu erreichen. Die Einflussnahme geschieht durch Mittel der Kommunikation.

Erfolgreiche Unternehmen erzielen Ergebnisse, in dem sie die Zukunft proaktiv und konsequent gestalten. Führungskräfte agieren als Vorbilder in Bezug auf vereinbarte Werte und Unternehmensgrundsätze und schaffen auf dieser Basis stabile und vertrauensvolle Beziehungen zu den Mitarbeitern und den anderen Anspruchsgruppen. Sie handeln flexibel und agil. Wirksame Führungskräfte begreifen Veränderungen als Chance. Auf diese Weise agiert das Unternehmen anhaltend erfolgreich am Markt.

Beschreiben Sie, wie in Ihrem Unternehmen geführt wird. Gehen Sie dabei auf die nachfolgenden Aspekte in Ihrer Geschäftsbeschreibung ein:

1. a) Führungskräfte erarbeiten die Mission, die Vision sowie die Werte des Unternehmens (Unternehmenspolitik) und setzen diese um.

- Wie entwickelt Ihr Unternehmen die Mission (Definition des Unternehmenszwecks) und auf dieser Basis die Vision, die Werte sowie die Unternehmenspolitik?

- Wie stellen Sie sicher, dass die Unternehmens- und Führungskultur von allen Mitarbeitern (gleich) verstanden wird?

- Wie stellen Sie sicher, dass die Unternehmens- und Führungskultur insbesondere von den Führungskräften (vorbildlich) vorgelebt wird?

- Wie bewerten und verbessern Sie die gemeinsam entwickelte Unternehmens- und Führungskultur?

1. b) Führungskräfte setzen sich persönlich mit den Anspruchsgruppen auseinander.

    - Welche sind die wesentlichen Anspruchsgruppen (Stakeholder) des Unternehmens?

    - Wie ermitteln Sie deren Bedürfnisse und Erwartungen?

    - Wie stellen Sie sicher, dass die Mitarbeiter diese Erwartungen kennen und ihnen Rechnung tragen? Dazu gehören auch Fragen des Umweltschutzes, der Arbeitssicherheit und der Mitarbeitergesundheit.

    - Wie etablieren Sie die Verantwortlichkeiten für die Geschäftsprozesse entlang der Wertschöpfungskette, um die Bedürfnisse und Erwartungen der Anspruchsgruppen, insbesondere der Kunden, zu erfüllen?

    - Wie beziehen Sie Ihre Anspruchsgruppen in Ihre Überlegungen zur Ausrichtung des Unternehmens ein, damit diese zum nachhaltigen Erfolg des Unternehmens beitragen?

1. c) Führungskräfte definieren, überprüfen und optimieren permanent das Managementsystem sowie die Unternehmensleistung.

- Wie definieren Sie die Anforderungen und die Leistungserwartungen aller Anspruchsgruppen?
- Welches sind die wesentlichen Erfolgsindikatoren?
- Wie und in welchem Turnus ermitteln und analysieren Sie die wesentlichen Ergebnisse des Unternehmens?
- Wie nutzen Sie diese Analyseergebnisse, um Ihr Managementsystem kontinuierlich zu verbessern?

1. d) Führungskräfte fördern eine Leistungskultur des Unternehmens

- Wie bewerten und verbessern Sie die Managementfähigkeiten Ihrer Führungskräfte? Wie stellen Sie sicher, dass Ihre Führungskräfte relevantes Feedback erhalten?
- Wie gewinnen Sie Ihre Mitarbeiter für eine Kultur der Verantwortlichkeit, der Eigeninitiative und der kontinuierlichen Verbesserung?
- Wie unterstützen Sie und Ihr Unternehmen die Mitarbeiter bei der Erreichung ihrer Ziele?

- Wie stellen Sie sicher, dass die Leistungen und das Verhalten der Mitarbeiter wahrgenommen, sowie zeitnah und angemessen zurückgemeldet werden (Feedback)?

- Wie fördern Sie die Entwicklung neuer Ideen und Methoden, um Innovationen und die Entwicklung des Unternehmens zu fördern?

1. e) Führungskräfte stellen die Veränderungsfähigkeit der Unternehmensstrukturen sicher und sorgen dafür, dass Veränderungen angenommen, sowie agil und effektiv umgesetzt werden.

- Wie stellen Sie sicher, dass die Strukturen des Unternehmens agil sind, so dass das Handeln aller Führungskräfte und Mitarbeiter flexibel auf die sich stetig ändernden Bedürfnisse und Erwartungen der Anspruchsgruppen, insbesondere der Kunden ausgerichtet bleibt?

- Wie fördern Sie eine Kultur, in der Neuerungen mehr als Chance denn als Risiko wahrgenommen werden und dass Veränderungsprozesse effektiv gemanagt werden?

- Wie befähigen Sie vor allem Ihre Führungskräfte zu fundierten und zeitgerechten Entscheidungen?

- Wie stellen Sie sicher, dass kreative Ideen erfasst, bewertet und ggf. systematisch, zeitnah und konsequent umgesetzt werden?

2. Erfolgsfaktor Strategie

Unter Unternehmensstrategie werden die geplanten Verhaltensweisen verstanden, durch die die tendenziell langfristigen (ca. 4 bis 8 Jahre) Unternehmensziele erreicht werden sollen. Der Leitgedanke dabei ist die Gewinnung und Behauptung einer starken Marktposition mithilfe von klar definierten, wahrnehmbaren und dauerhaften Wettbewerbsvorteilen.

Diese beruhen auf den aktuellen Kernkompetenzen und der künftigen Nutzung von Erfolgspotenzialen des Unternehmens. Hierzu werden Führungsprozesse, Ziele, strategische Aktionspläne sowie operative Prozesse (Kerngeschäftsprozesse und Unterstützungsprozesse) gestaltet, um die Strategie umzusetzen.

Erfolgreiche Unternehmen verwirklichen ihre Mission, erreichen ihre Vision und leben ihre Werte, in dem es ihnen gelingt, die Inhalte der Führungsprozesse in die operativen Prozesse zu überführen. Die operativen Prozesse stellen die Umsetzung der Strategie sicher. Diese berücksichtigt die Erwartungen aller Anspruchsgruppen in ausgewogener Art und Weise.

Beschreiben Sie nachfolgend den Prozess der Strategieentwicklung in Ihrem Unternehmen.

2. a) Die Strategie basiert auf einem profunden Verständnis der Bedürfnisse und Erwartungen der Anspruchsgruppen.

- Wie berücksichtigen Sie die (sich stetig verändernden) Bedürfnisse und Erwartungen der Kunden als Input für die Entwicklung und Überprüfung Ihrer Strategie?

- Wie verfolgen Sie die Entwicklungen der Gesetzgebung, die Einfluss auf Ihr unternehmerisches Handeln haben? Welche wesentlichen Gesetzgebungsbereiche sind das?

- Wie analysieren sie Daten und Informationen zur Leistungsfähigkeit von bestehenden und potenziellen Partnern, um zu erkennen, wie diese die Kernkompetenzen Ihres Unternehmens ergänzen können?

- Wie identifizieren und analysieren Sie weitere externe Entwicklungen (Umweltsphäre), die sich als regionale, wirtschaftliche und/ oder gesellschaftliche Trends bzw. Megatrends auf das Unternehmen auswirken können? Welche sind das?

- Wie generieren Sie Informationen, um den Einfluss neuer Technologien und Methoden (z.B. Digitalisierung) auf die Leistungsfähigkeit Ihres Unternehmens zu analysieren?

- Wie generieren Sie aus diesen Analysen Hinweise auf künftige Erfolgspotenziale?

2. b) Die Strategie basiert auf der profunden Kenntnis und der realistischen Einschätzung der eigenen Leistungen und Fähigkeiten.

- Wie analysieren sie die Trends Ihrer operativen Leistungen (Erfolgsindikatoren), um das Verständnis des aktuellen Leistungsniveaus zu entwickeln? Berücksichtigen Sie dabei die Leistungen des Unternehmens hinsichtlich aller Anspruchsgruppen.

- Wie analysieren sie die Qualität Ihrer Geschäftsprozesse (Erfolgsfaktoren), um das Verständnis der aktuellen Kernkompetenzen zu entwickeln?

- Mit welchen Unternehmen und/ oder Branchen vergleichen Sie die Leistungen Ihres Unternehmens, um eigene Stärken und Verbesserungspotenziale zu identifizieren und zu verstehen (Benchmarking)?

- Wie generieren Sie aus diesen Analysen Hinweise zur Verbesserung der Kernkompetenzen und damit des Leistungsvermögens Ihres Unternehmens?

- Wie berücksichtigen Sie dabei bekannte oder vermutete Ursache-Wirkungs-Zusammenhänge zwischen Erfolgsindikatoren und Erfolgsfaktoren?

2. c) Die Strategie wird entwickelt, regelmäßig überprüft und aktualisiert

- Wie setzen Sie die Ziele, um sicherzustellen, dass Sie während der kommenden Jahre Ihre Kernkompetenz nutzen und Ihre Erfolgspotenziale ausschöpfen?

- Wie entwickeln Sie Ihre Unternehmensstrategie, um die Mission und die Vision des Unternehmens zu erreichen?

- Wie gestaltet sich der zeitliche Rahmen zur Erreichung der strategischen Ziele?

- Welches sind die Erfolgsindikatoren und Leistungskennzahlen der wesentlichen Erfolgsfaktoren, die für die Verwirklichung der Mission und der Vision Ihres Unternehmens relevant sind?

- In welchem Turnus überprüfen und bewerten Sie die Erreichung der strategischen Ziele, sowie die strategischen Handlungspläne?

- In welchem Turnus schreiben Sie Ihre Strategie fort?

2. d) Die Strategie wird durchgängig kommuniziert

- Wie stellen Sie sicher, dass die Führungskräfte ein gemeinsames Verständnis von Führung und Strategie im Allgemeinen und der eigenen Strategie im Besonderen entwickeln?

- Wie kommunizieren Sie die Strategie?

- Wie gehen Sie dabei auf die wesentlichen Anspruchsgruppen Ihres Unternehmens ein?

2. e) Die Strategie wird umgesetzt und der Umsetzungsfortschritt überwacht.

- Wie richten Sie Strukturen, Prozesse und Projekte entsprechend Ihrer Strategie aus?

- Wie entwickeln Sie strategische Handlungspläne, um Ihre strategischen Ziele zu erreichen?

- Wie teilen Sie Ressourcen zu, um die Umsetzung der Handlungspläne sicherzustellen?

- Welches sind aktuell die wichtigsten strategischen Handlungspläne?

- Wie stellen Sie die systematische Umsetzung der Strategie sicher, um Ihre Unternehmensziele zu erreichen?

3. Erfolgsfaktor Mitarbeiter

Erfolgreiche Unternehmen wissen, dass die Mitarbeiter sowie deren koordiniertes Zusammenwirken die entscheidenden Erfolgsfaktoren sind - und sie handeln entsprechend.

Erfolgreiche Unternehmen schaffen daher eine Kultur, in der die größtmögliche Übereinstimmung zwischen den Zielen des Unternehmens einerseits und den Zielen, Fähigkeiten und Fertigkeiten der einzelnen Mitarbeiter andererseits hergestellt wird.

Sie entwickeln ein Klima von Vertrauen, Respekt, Fairness, Wertschätzung und Leistungsbereitschaft. Sie ermöglichen angemessene Partizipation an der Unternehmensentwicklung sowie die Übernahme von Verantwortung. Sie entwickeln die Fähigkeiten der Mitarbeiter und sorgen dafür, dass ein hohe Passung von Person und Aufgabe sichergestellt wird.

Diese Grundsätze gelten insbesondere für die Führungskräfte.

Erfolgreiche Unternehmen kommunizieren und informieren regelmäßig sowie angemessen, sorgen für umfassendes Feedback und anerkennen Leistung und Verhalten. Dadurch bleiben die Mitarbeiter motiviert und hoch engagiert sowie in der Lage und willens, ihr Wissen und ihr Können zur Erreichung der Ziele und zum Wohle aller Anspruchsgruppen einzusetzen.

Erfolgreiche Unternehmen sorgen dafür, dass ihre Mitarbeiter gesund sind und bleiben.

Leistungen, vor allem besondere Leistungen, werden im Unternehmen angemessen honoriert.

3. a) Personalpläne unterstützen die Umsetzung der Unternehmensstrategie

- Wie leiten Sie die Personalstrategie aus Ihrer Unternehmensstrategie ab, um das Erreichen der strategischen Ziele sicherzustellen?

- Wie beziehen Sie die Mitarbeiter und deren Vertretungen in die Entwicklung der Personalstrategie, der Personalpolitik und der Personalpläne ein, um kreative und innovative Ansätze zu berücksichtigen?

- Wie steuern Sie die Nachfolgeplanung, die Personalbeschaffung sowie Personalauswahlentscheidungen, um sowohl das erforderliche Leistungsniveau als auch die Entwicklung der gewünschten Unternehmenskultur sicherzustellen?

- Wie nutzen Sie Mitarbeiterbefragungen und andere Formen der Rückmeldungen von Mitarbeitern, um die Personalstrategie, die Personalpolitik und die Führungsqualität zu verbessern?

3. b) Kompetenzen der Mitarbeiter werden entwickelt

- Welches sind die Schlüsselpositionen und -qualifikationen, die - nicht zuletzt angesichts der demografischen Entwicklung zu einem Engpass werden könnten?

- Wie bestimmen Sie Anforderungen und Kompetenzen, die notwendig sind, um die Unternehmensziele zu erreichen?

- Wie erkennen Sie Talente für Führungspositionen und für Schlüsselpositionen im Unternehmen?

- Wie beurteilen Sie die Leistungen und das Verhalten Ihrer Mitarbeiter?

- Wie entwickeln sie die Fähigkeiten und Kompetenzen Ihrer Mitarbeiter, auch um deren Beschäftigungsfähigkeit unter den künftigen Anforderungen der Arbeitswelt sicherzustellen?

3. c) Mitarbeiter werden eingebunden und zu selbständigem Handeln ermächtigt

- Wie stellen Sie sicher, dass die Unternehmensziele weitestgehend in Einklang mit den persönlichen Zielen der Mitarbeiter stehen, so dass diese ihren vollen Leistungsbeitrag einbringen?

- Wie ermutigen Sie Ihre Mitarbeiter, dass sie sich in die Anstrengungen des Unternehmens um die Verbesserung von Produkten, Prozessen, Strukturen und Projekten aktiv handelnd einbringen?

- Wie ermächtigen Ihre Führungskräfte die Mitarbeiter, d.h. in welchem Umfang werden Aufgaben delegiert sowie Verantwortung im Sinne von Entscheidungs- und Handlungskompetenz übertragen?

- Wie schaffen Sie eine Kultur des Lernens und der Innovation und wie stellen Sie sicher, dass die Mitarbeiter selbständig und rasch auf Herausforderungen reagieren können?

3. d) Die Kommunikation im gesamten Unternehmen ist wirkungsvoll und zielführend

- Wie kommunizieren Sie die Ausrichtung und die Strategie des Unternehmens, um sicherzustellen, dass alle Mitarbeiter ihren Beitrag zum Unternehmenserfolg verstehen und leisten können?
- Wie werden Leistungserwartungen an alle Mitarbeiter kommuniziert?
- Wie gestaltet sich die Regelkommunikation im Unternehmen, d.h. wie verteilen Sie notwendige Informationen, Wissen und die Anwendung von besten Praktiken?
- Wie fördern Sie eine Bottom-Up-Kommunikation und eine Kommunikation über Abteilungsgrenzen hinweg?

3. e) Mitarbeiterverbundenheit: Leistungsträger und Talente bleiben im Unternehmen

- Wie stellen Sie sicher, dass Mitarbeiter Erfolge erzielen, die diese sich selbst zuschreiben können?

- Wie werden die Anstrengungen und Erfolge der Mitarbeiter wahrgenommen, sowie Verbesserungen und Innovationen anerkannt und deren Beteiligung daran gefördert?

- Wie fördern Sie eine Kultur der gegenseitigen Unterstützung, Anerkennung und Fürsorge zwischen den Mitarbeitern und zwischen den Teams?

- Wie unterstützen Entlohnung, Sozialleistungen und andere Aspekte der Anerkennung die Umsetzung der Strategie sowie der Unternehmensgrundsätze?

- Wie fördern Sie die Arbeitssicherheit und wie unterstützen Sie Ihre Mitarbeiter dabei, gesund zu bleiben und ihre Leistungsfähigkeit zu erhalten?

- Wie berücksichtigen Sie dabei auch ein ausgewogenes Verhältnis zwischen Arbeit und Freizeit im Zeitalter neuer Arbeitsmittel sowie die Vereinbarkeit von Beruf und Familie?

4. Kunden und Kerngeschäftsprozesse

Erfolgreiche Unternehmen fokussieren auf ihren Beitrag zur Wertschöpfung ihrer Kunden.

Sie schaffen daher eine Kultur der Kundenorientierung, in der sie insbesondere ihre Kerngeschäftsprozesse konsequent auf den Kundennutzen ausrichten. Zu diesen Kerngeschäftsprozessen gehören vor allem die Prozesse zur Erbringung von Dienstleistungen und/ oder der Erstellung von Produkten.

Erfolgreiche Unternehmen gestalten und lenken diese Prozesse, in dem sie diese systematisch und kontinuierlich verbessern.

4. a) Kunden verstehen und Kundenbeziehungen pflegen

- Nach welchen Kriterien segmentieren Sie Ihre Kundengruppen, so dass die Segmentierung einen sinnvollen Ausgangspunkt für die Unternehmensstrategie bildet?

- Wie organisieren Sie die Kontaktaufnahme zu potentiellen Neukunden?

- Wie ermitteln und erfüllen Sie die Kontakterfordernisse Ihre Kunden, um eine tragfähige Beziehung aufzubauen?

- Wie gestalten und pflegen Sie Ihre Kundenbeziehungen? Wie stellen Sie sicher, dass die Beziehung von Vertrauen, Offenheit und Transparenz getragen ist?

- Wie definieren und überwachen Sie das Niveau Ihrer Leistung gegenüber dem Kunden? Wie setzen Sie Befragungen und andere Formen der Rückmeldungen und Wahrnehmungen von Kunden ein, um Ihre Strategie und Ihre Kerngeschäftsprozesse zu verbessern?

4. b) Produkte und Dienstleistungen werden entwickelt, um die Wertschöpfung des Kunden zu verbessern

- Wie nutzen Sie Ergebnisse der Marktforschung, von Kundenbefragungen sowie von anderen Analysequellen, um Verbesserungen Ihres Produkt- und Dienstleistungsangebots zu identifizieren, zu antizipieren und umzusetzen?

- Auf welche Art und Weise streben Sie nach innovativen Kundenlösungen? Wie binden Sie insbesondere Ihre Kunden und ggf. andere Anspruchsgruppen (z.B. Zulieferer und andere Partner) in die Verbesserung Ihres Produkt- und Dienstleistungsangebots ein?

- Wie steuern Sie das Portfolio Ihres Produkt- und Dienstleistungsangebots sowie dessen Lebenszyklus?

- Wie gestalten Sie den Rollout von Innovationen bei Produkten und Dienstleistungen am Markt?

4. c) Kerngeschäftsprozesse und Unterstützungsprozesse werden gestaltet, gesteuert und kontinuierlich verbessert

- Wie nutzen Sie eine Struktur der Geschäftsprozesse (‚Prozesslandschaft'), um Ihre Unternehmensstrategie umzusetzen?

- Wie stellen Sie sicher, dass verantwortliche Prozesseigner die Prozesse entwickeln und kontinuierlich verbessern?

- Welches sind die Leistungskennzahlen (Menge, Qualität), mit denen Sie Produktivität (Effektivität und Effizienz) Ihrer Prozesse überprüfen und als Ausgangspunkt für kontinuierliche Verbesserungen nutzen? Maßstab für die Effektivität ist dabei das Maß, in dem die Prozesse einen Beitrag zum Erreichen der strategischen Ziele (Erfolgsindikatoren) leisten.

- Wie nutzen Sie Benchmarks und Vergleichskennzahlen, um Kreativität, Innovationen und die kontinuierliche Verbesserung voranzutreiben?

4. d) Produkte werden erstellt und geliefert, Dienstleistungen erbracht und gemanagt, um den Erfolg des Unternehmens sicherzustellen.

- Wie stellen Sie sicher, dass die Leistungserbringung im Unternehmen die Nutzenversprechen gegenüber dem Kunden einhalten oder übertreffen?

- Wie stellen Sie sicher, dass die interne Abwicklung der Prozesse die Leistungserbringung produktiv unterstützt?

- Wie stellen Sie die nötigen Ressourcen bereit, um den Kundennutzen zu optimieren?

- Wie managen Sie Produkte und Dienstleistungen über den Lebenszyklus, auch unter Berücksichtigung der Auswirkungen auf Gesundheit, Sicherheit und Umwelt?

- Wie vergleichen Sie Ihre Produkte und Dienstleistungen mit relevanten besten Unternehmen und wie lernen Sie von deren Stärken, um die eigenen Produkte und Dienstleistungen zu verbessern?

4. e) Produkte und Dienstleistungen werden effektiv vermarktet

- Welches sind die wesentlichen Nutzenversprechen gegenüber den Kundengruppen?

- Wie erfahren Kunden und potentielle Kunden von Ihren Produkten und Dienstleistungen? Welche Kommunikationskanäle bevorzugen Ihre Kunden?

- Wo und wie können sich Ihre Kunden einen persönlichen Eindruck von der Leistungsfähigkeit Ihrer Produkte und Dienstleistungen machen?

- Wie sehen Ihre Marketing- und Akquisestrategien aus, um das Nutzenversprechen und Ihre Kernkompetenzen optimal zur Geltung zu bringen?

- Welches sind die für Ihr Geschäftsmodell am besten geeigneten Absatzkanäle?

5. Partnerschaften und eigene Ressourcen

Erfolgreiche Unternehmen gehen externe Partnerschaften ein. Sie planen und managen ihre eigenen Ressourcen produktiv, um ihr Geschäftsmodell und ihre Strategie wirkungsvoll umzusetzen.

Sie gewährleisten, dass sie ihren Einfluss auf externe Anspruchsgruppen, sowie deren Einfluss auf das eigene Unternehmen kennen und angemessen berücksichtigen.

5. a) Partner und Lieferanten unterstützen die eigene Wertschöpfung

- Welches sind die Partner, die Ihren eigenen Wertschöpfungsprozess wesentlich beeinflussen?
- Welche Partnernetzwerke pflegen Sie?
- Wie etablieren Sie auf Dauer angelegte Partnerschaften, die auf gegenseitigem Vertrauen sowie auf Respekt und Offenheit beruhen?
- Wie stellen Sie sicher, dass die Partner im Einklang mit Ihren Werten und Ihrer Strategie arbeiten?
- Wie beteiligen Sie Ihre Partner an Ihren eigenen Prozessen, um den Nutzen für die Kunden Ihres Unternehmens zu steigern?

5. b) Finanzen

- Welche finanziellen Strategien verfolgen Sie, um die Unternehmensstrategie zu unterstützen und um eine solide finanzielle Kapitalausstattung sicherzustellen?
- Welche Planungs- und Steuerungsinstrumente nutzen Sie, um den Einsatz der Finanzmittel optimal zu gestalten?
- Wie steuern Sie ihre laufende Liquidität?
- Wie managen Sie Ihr Fremdkapital?

5. c) Anlage- und Umlaufvermögen

- Wie stellen Sie die ökonomisch und ökologisch nachhaltige Nutzung Ihrer Gebäude und Maschinen sicher?
- Wie ermitteln und priorisieren Sie Ihren Investitionsbedarf?
- Welche Strategien setzen Sie ein, um Ihre Ressourcen optimal zu nutzen, z.B. Instandhaltungsstrategien für den Maschinenpark?
- Wie stellen Sie die optimale Bevorratung und Nutzung Ihrer Sachmittel und Materialien sicher? Die Nutzung umfasst dabei die Aspekte der Wirtschaftlichkeit, der Qualität, der Gesundheit und Arbeitssicherheit sowie der Umwelt.

- Mit welchen Leistungskennzahlen überwachen und optimieren Sie Ihre diesbezüglichen Aktivitäten?

5. d) Technologien

- Welches sind die wesentlichen Technologien, die Sie in den Geschäftsprozessen Ihres Unternehmens einsetzen (Technologieportfolio)?

- Wie bewerten und verbessern Sie Ihr Technologieportfolio, um die Produktivität und die Leistungsfähigkeit des Unternehmens zu verbessern?

- Wie beziehen Sie relevante Anspruchsgruppen in die Entwicklung und den Einsatz neuer Technologien ein, um den Nutzen für die eigene Wertschöpfung zu optimieren?

- Wie identifizieren Sie neue Möglichkeiten, die sich durch den Einsatz neuer Technologien ergeben?

5. e) Information und Wissen

- Wie stellen Sie sicher, dass alle Mitarbeiter präzise und hinreichende Informationen erhalten, um daraus rechtzeitige und richtige Entscheidung abzuleiten?

- Wie erfassen Sie Daten, insbesondere Daten zur Erfassung der Unternehmensleistung?

- Wie stellen Sie sicher, dass zeitnah erhoben werden, durchgängig aussagekräftig und inhaltlich richtig sind?
- Wie stellen Sie den Zugriff auf relevante Informationen durch die Mitarbeiter sicher?
- Wie schützen Sie Daten vor Zerstörung bzw. Löschung und unbefugtem Zugriff?
- Wie stellen Sie sicher, dass das Erfahrungswissen der Organisation nicht durch den Weggang von Personen nachhaltig negativ beeinträchtigt wird?

Erfolgsindikatoren und Leistungskennzahlen

Hervorragend geführte Unternehmen erzielen dauerhaft und nachhaltig herausragende Ergebnisse, welche die Bedürfnisse und Erwartungen ihrer Anspruchsgruppen erfüllen oder übertreffen.

Sie nutzen dabei Kennzahlen, die

- einerseits das Ausmaß des Umsetzungserfolges der Strategie in Bezug auf die Anspruchsgruppen erfassen (**Erfolgsindikatoren**),
- und andererseits, die Qualität ihrer Erfolgsfaktoren messen (**Leistungskennzahlen**).

Hierbei gilt für hervorragend geführte Unternehmen im Einzelnen das Folgende: sie

- berichten die Ergebnisse bezogen auf relevante Segmente, um die Bedürfnisse und Erwartungen spezifischer Gruppierungen innerhalb der jeweiligen Anspruchsgruppe zu verstehen.
- zeigen positive Trends und/ oder anhaltend gute Ergebnisse mindestens über die letzten drei Jahre.
- setzen herausfordernde Ziele für die wesentlichen Erfolgsindikatoren und Leistungskennzahlen, um die Umsetzung der Strategie zu gewährleisten und zu steuern.

- wissen und verstehen, wie die eigenen Ergebnisse im Vergleich zu den Ergebnissen ähnlicher Unternehmen zu bewerten sind (Benchmarking). Sie verwenden die Erkenntnisse daraus, um eigene Verbesserungsaktivitäten zu initiieren.

- verstehen die Ursachen und Treiber der beobachteten Trends und wie sich das Leistungsniveau der Erfolgsfaktoren auf die Erfolgsindikatoren auswirken.

Die Erfolgsindikatoren und die Leistungskennzahlen werden auf den folgenden Seiten im Detail erörtert.

6. Kunden- und Marktergebnisse

6. a) Kunden- und marktbezogene Erfolgsindikatoren

Die verwendeten Erfolgsindikatoren zeigen die Ergebnisse, die das Unternehmen am Markt erzielt. Sie legen dar, wie produktiv (also effektiv und effizient) die kundenbezogene Strategie im Unternehmen umgesetzt werden.

Die Erfolgsindikatoren werden verwendet, um die Unternehmensleistung sowie die Strategieumsetzung zu überwachen, zu analysieren und durch neue Zielsetzungen in Verbindung mit entsprechenden Handlungsplänen zu verbessern.

Erfolgsindikatoren können sein:

- Umsatz/ Umsatzwachstum in definierten Segmenten;
- Marktanteile und Wachstum derselben;
- Anzahl von Neukunden in definierten Marktsegmenten;
- Kundenzufriedenheit;
- Innovationsquote (Umsatz mit neuen Produkten) u.ä.

6. b) Kunden- und marktbezogene Leistungskennzahlen

Die Leistungskennzahlen zeigen, wie die Kunden die Aktivitäten des Unternehmens wahrnehmen (z.B. anhand von Kundenbefragungen, Bewertungen, Kundenfeedback, Reklamationen etc.).

Diese Leistungskennzahlen liefern ferner ein klares Verständnis von der Qualität der internen Prozesse aus der Sicht der Kunden.

Leistungskennzahlen können sein:

- Kundenloyalität und Kundenbindung;
- Servicequalität;
- Bewertung von Produkten und Dienstleistungen (z.B. Reklamationsquote);
- Unternehmensimage bei den Kunden;
- Qualität der Produktbereitstellung und der Dienstleistungserbringung u.ä.

7. Finanzergebnisse

7. a) Finanzbezogene Erfolgsindikatoren

Die verwendeten Erfolgsindikatoren zeigen die erzielten wirtschaftlichen Ergebnisse des Unternehmens. Sie legen dar, wie effektiv und effizient die Strategie im Unternehmen umgesetzt wird.

Die Erfolgsindikatoren werden verwendet, um die Unternehmensleistung zu überwachen, zu analysieren und mittels neuer Zielsetzungen sowie daraus abgeleiteten strategischen Handlungsplänen zu verbessern.

Erfolgsindikatoren können sein:

- Rentabilitätskennzahlen (ROI, ROCE, WACC u.a.);
- Produktivität und Rentabilität pro Mitarbeiter;
- Betriebsergebnis (EBIT, EBITDA) u.ä.

7. b) Finanzbezogene Leistungskennzahlen

Die Leistungskennzahlen zeigen, wie effizient das Unternehmen seine Ressourcen in seinen Prozessen einsetzt.

Diese Leistungskennzahlen geben aus der Sicht der Kapitalgeber klare Hinweise auf die Effizienz der Umsetzung der Unternehmensstrategie sowie auf die wirtschaftliche Leistungsfähigkeit der Prozesse.

Leistungskennzahlen können sein:

- Rentabilitätskennziffern von Investitionsprojekten;
- Umschlaghäufigkeiten bzw. Working Capital-Kenngrößen;
- Budgeteinhaltung;
- Fremd- bzw. Eigenkapitalquoten;
- Kostenquoten in Prozent vom Umsatz u.ä.

8. Mitarbeiterbezogene Ergebnisse

8. a) Mitarbeiterbezogene Erfolgsindikatoren

Die verwendeten Erfolgsindikatoren zeigen die Ergebnisse, die das Unternehmen im Hinblick auf Ihre Mitarbeiter erzielt. Sie legen dar, wie effektiv die Personalstrategie sowie die wesentlichen Personalprozesse, also die Personalbeschaffung und die Personalentwicklung, im Unternehmen umgesetzt werden.

Die Erfolgsindikatoren werden verwendet, um die Führungsleistung sowie wesentliche Personalkennzahlen zu überwachen, zu analysieren und durch neue Zielsetzungen mit entsprechenden Handlungsplänen zu verbessern.

Erfolgsindikatoren können sein:

- Mitarbeiterproduktivität (Umsatz/ Ertrag/ Stückzahlen/ Dienstleistungseinheiten pro Mitarbeiter);
- Qualifikationsstruktur der Belegschaft;
- Beteiligung und Engagement (z.B. Verbesserungsvorschläge);
- Mitarbeiterverbundenheit (Fluktuation, Fehlzeiten) u.ä.

8. b) Mitarbeiterbezogene Leistungskennzahlen

Diese Leistungskennzahlen zeigen, wie die Mitarbeiter das Unternehmen wahrnehmen (z.B. anhand von Befragungen zur Führungskultur, Interviews, strukturierten Mitarbeitergesprächen etc.).

Diese Leistungskennzahlen sollen aus der Sicht der Mitarbeiter ein klares Verständnis der Umsetzung und der Ergebnisse der Personalstrategie sowie der sie unterstützenden Führungs- und sonstigen Prozesse geben.

Leistungskennzahlen können sein:

- Führungsleistung: Führungsqualität und Wahrnehmung des Führungsverhaltens;

- Arbeitssicherheitsergebnisse;

- Mitarbeiterzufriedenheit;

- Ergebnisse von strukturierten Mitarbeitergesprächen u.ä.;

9. Produktions- bzw. Dienstleistungsspezifische Ergebnisse

9. a) Produktions- bzw. Dienstleistungsspezifische Erfolgsindikatoren

Die verwendeten Erfolgsindikatoren zeigen die Ergebnisse, die das Unternehmen im Hinblick auf Ihre Produkte und Dienstleistungen erzielt. Sie legen dar, wie effektiv die Mission, die Vision und die Unternehmensstrategie einerseits und wie effizient die Geschäftsprozesse im Unternehmen andererseits umgesetzt werden.

Die Erfolgsindikatoren werden verwendet, um vor allem die Leistung im Kerngeschäft zu überwachen, zu analysieren und durch neue Zielsetzungen mit entsprechenden Handlungsplänen zu verbessern.

Erfolgsindikatoren können sein:

- Produktionskennzahlen (Produktionsmengen, Auslastungsgrade u.ä.);
- Dienstleistungskennzahlen (Anzahl der Vertragsabschlüsse, Beratertage, Serviceeinsätze u.ä.);
- Qualitätsparameter (Ausschussquote, DPMO (Defects Per Million Opportunities) im Rahmen von Six-Sigma-Ansätzen; Projekterfolge u.ä.);
- Innovationsquoten u.ä.

9. b) Produktions- bzw. Dienstleistungsspezifische Leistungskennzahlen

Die Leistungskennzahlen zeigen, wie produktiv das Unternehmen in der Führung ihrer Prozesse zur Leistungserstellung und bei der Wertschöpfung ist

Diese Leistungskennzahlen vermitteln ein klares Verständnis von der Umsetzung und von den Ergebnissen der Leistungserstellung des Unternehmens sowie der Qualität der Geschäftsprozesse.

Leistungskennzahlen können sein:

- Produktivitätskennzahlen (Maschinenlaufzeiten und – produktivitäten, Auslastungsgrade, Ausschussquoten, Maschinengeschwindigkeiten u.ä.);

- Prozess- und Durchlaufzeiten;

- Input/Output-Relationen der Geschäftsprozesse u.ä.

Verknüpfung der Grundannahmen erfolgreicher Unternehmensführung mit den Erfolgsfaktoren

Da die Grundannahmen und Leitgedanken erfolgreicher Unternehmensführung handlungsleitend sind, wurden sie bei der Erstellung des IMPROVE®-Zyklus in die Aspekte und Teilaspekte der Erfolgsfaktoren eingebettet.

Mit Hilfe der Darstellung in der nachfolgenden Tabelle können Sie sich einen Überblick über diese inhaltliche Verknüpfung zwischen den Grundannahmen und den Leitgedanken erfolgreicher Unternehmensführung einerseits und den Aspekten der Erfolgsfaktoren andererseits verschaffen.

Die Qualität und Produktivität der Erfolgsfaktoren und deren tatsächliche Umsetzung beeinflussen sowohl die Unternehmensziele als auch die erzielten Ergebnisse, also die Erfolgsindikatoren. Produktivität wird in diesem Sinne verstanden als Produkt aus Effektivität (die richtigen Dinge tun) und Effizienz (die Dinge richtig tun).

Die Erfolgsindikatoren werden zur Überwachung und Verbesserung des Unternehmenserfolgs genutzt.

Die folgende Tabelle gibt einen Überblick über die Zusammenhänge.

Erfolgsfaktor	1. Führung					2. Strategie					3. Mitarbeiter					4. Kerngeschäftsprozesse					5. Unterstützungsprozesse				
Grundannahmen erfolgreicher Unternehmensführung	a)	b)	c)	d)	e)	a)	b)	c)	d)	e)	a)	b)	c)	d)	e)	a)	b)	c)	d)	e)	a)	b)	c)	d)	e)
Mehrwert für Kunden	■								■	■	■			■		■	■			■	■			■	
Ergebnisse erzielen		■			■	■			■			■	■					■	■	■	■	■	■		
Auswahl und Fokussierung			■	■			■		■	■	■				■									■	
Verantwortung: entschlossen führen und handeln		■		■		■	■			■	■	■	■	■	■							■			
Zuversicht: Veränderungen gestalten			■	■	■		■			■	■		■					■							
Vertrauen: Partizipation und Lernen					■			■					■					■							
Erfolg durch qualifizierte und engagierte Mitarbeiter				■			■	■	■			■	■	■					■						■

Tabelle 5: Übersicht über die inhaltlichen Zusammenhänge zwischen den Grundannahmen erfolgreicher Unternehmensführung einerseits und Erfolgsfaktoren des IMPROVE®-Zyklus andererseits. Die Buchstaben in der zweiten Kopfzeile beziehen sich auf die Gliederungspunkte der Beschreibung der Erfolgsfaktoren.

Das Bewertungsmodell im IMPROVE®-Zyklus

Nachdem die Geschäftsbeschreibung entsprechend den Ausführungen des vorangegangenen Abschnitts erstellt wurde, gilt es nun, sowohl die Erfolgsindikatoren als auch die Erfolgsfaktoren und Leistungskennzahlen im Rahmen der strategischen SWOT-Analyse (siehe Kapitel 5) zu bewerten.

Das Bewertungsmodell im IMPROVE®-Zyklus

- nimmt die beschriebenen Grundannahmen erfolgreicher Unternehmensführung auf,

- implementiert diese auf die dargestellte Weise über die Erfolgsfaktoren in die Geschäftsprozesse, und

- übernimmt die Idee der kontinuierlichen Verbesserung durch die periodische Bewertung der Erfolgsindikatoren und Leistungskennzahlen im Rahmen der jährlichen strategischen SWOT-Analyse.

Diese periodische Bewertung wird in der Folge beschrieben.

Die zugrundeliegenden Bewertungsprinzipien unterstellen, dass die Unternehmensleistungen ausweislich der Werte der Erfolgsindikatoren durch verbesserte Prozesse, Methoden und sonstige Vorgehensweisen positiv beeinflusst werden. Dies spiegelt sich in höheren Punktzahlen bei der Bewertung der Geschäftsbeschreibung wider und kann im Zeitablauf durch entsprechende Korrelationen nachgewiesen werden.

Die Bewertungsmethode lehnt sich an bewährte Total-Quality Management-Modelle (TQM-Modelle nach Malcolm Baldrige, EFQM) an. Sie kann daher von Unternehmen im Zuge einer Selbstbewertung für Benchmarkingzwecke, im Rahmen des *BMM-AWARDs für Bestes Management im Mittelstand* oder im Rahmen von Auditierungen bei ISO-Zertifizierungen eingesetzt werden.

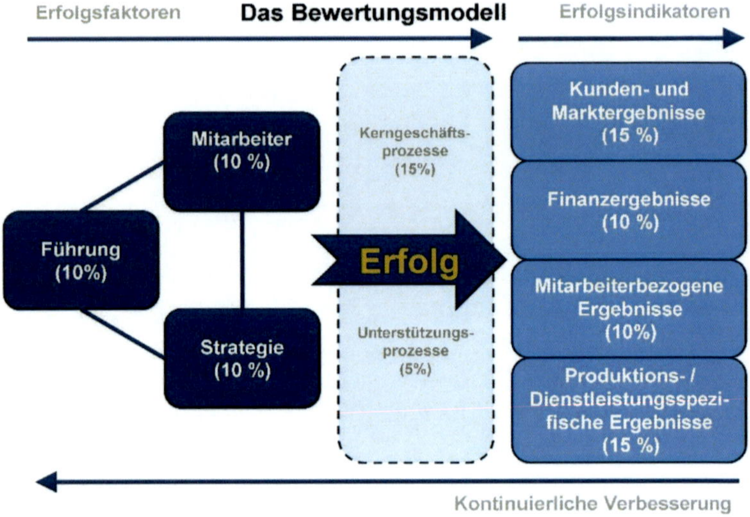

Abbildung 21: Bewertungsmodell in der strategischen SWOT-Analyse. Weitere Erläuterung: siehe Abbildung 20.

Die Hälfte der erreichbaren Maximalpunktzahl (1000 Punkte) entfällt auf die Erfolgsindikatoren und Leistungskennzahlen.

Die andere Hälfte der erreichbaren Maximalpunktzahl verteilt sich auf die fünf Erfolgsfaktoren. Im Rahmen des Bewertungsmodells im IMPROVE®-Zyklus werden die drei Erfolgsfaktoren „Führung“, „Strategie“ und „Mitarbeiter“ mit je Zehn-Prozent-Punkten berücksichtigt. Die verbleibenden Prozent-Punkte entfallen auf die Erfolgsfaktoren „Kerngeschäftsprozesse“ (Fünfzehn-Prozent-Punkte) und „Unterstützungsprozesse“ (Fünf-Prozent-Punkte). Letztere sind zwar Gegenstand des agilen Prozessmodells der Unternehmensführung, gehören aber nicht zu den Kriterien des *BMM-AWARD*.

Im Zuge der Bewertung, zum Beispiel im Rahmen eines Selbstbewertungs-Workshops mit den Führungskräften des Unternehmens, werden die Erfolgsindikatoren und Leistungskennzahlen sowie die Erfolgsfaktoren anhand der nachfolgend beschriebenen Kriterien analysiert und bewertet.

Dieser Prozessschritt schließt die Phase „Ist-Analyse – Bestandsaufnahme zur Führungsqualität" des IMPROVE®-Zyklus ab.

Auf der Basis der Analyseergebnisse werden in der Folge die strategischen Ziele formuliert, strategische Maßnahmen zur Verbesserung abgeleitet und in der Folge konsequent umgesetzt.

Auf diese Weise etablieren die Unternehmen im Laufe der Zeit eine Unternehmens- und Führungskultur, in der Erfolge erzielt werden, die sich für Fach- und Führungskräfte gleichermaßen als äußerst attraktiv erweisen.

Die Bewertungslogik im IMPROVE®-Zyklus berücksichtigt, dass

I	die **I**st-Aufnahme der Vorgehensweisen dokumentiert ist;
M	messbare Unternehmensziele gesetzt und die Vorgehensweisen zur Umsetzung fundiert und systematisch sind;
P	die **p**lanmäßigen Vorgehensweisen die Umsetzung der Strategie unterstützen und in das Gesamtkonzept integriert sind;
R	die Maßnahmen und Prozesse durchgängig eingeführt sind sowie **r**asch und konsequent angewendet werden;
O	die Prozesse und Verfahren permanent **o**ptimiert und agil gesteuert werden;
V	die **v**eränderten Verhaltensweisen und Prozesse stabilisiert und konsolidiert werden;
E	die erzielten **E**rgebnisse in Form von Erfolgsfaktoren und Leistungskennzahlen systematisch erhoben, analysiert und bewertet werden. Die Ergebnisse werden zur kontinuierlichen Verbesserung der Leistung und der Prozesse genutzt.

Um eine systematische Analyse und Bewertung der Erfolgsfaktoren sowie eine maximale Transparenz sicherzustellen, werden die Erfolgsfaktoren entsprechend den drei Elementen mit insgesamt sieben Kriterien im Rahmen der Bewertungslogik des IMPROVE®-Zyklus untersucht.

In analoger Vorgehensweise werden auch die Erfolgsindikatoren und Leistungskennzahlen (zwei Elemente mit ebenfalls sieben Kriterien) analysiert und bewertet.

Die drei Erfolgsfaktoren bzw. vier Erfolgsindikatoren (Ergebnisse und Leistungskennzahlen) werden bei der Bewertung wie oben dargestellt gewichtet. Die Gewichtung entspricht im Wesentlichen den vergleichbaren TQM-Modellen (Malcolm Baldrige bzw. EFQM) und ist an diese angelehnt.

Innerhalb der Erfolgsfaktoren bzw. Erfolgsindikatoren (und Leistungskennzahlen) werden die Elemente und Kriterien unterschiedlich gewichtet. Der Leitgedanke dabei ist, dass dem überproportionalen Erfolgsanteil von Handlung und Umsetzung gegenüber dem reinen Vorhandensein von methodischen Ansätzen Rechnung getragen wird.

Die auf den Folgeseiten abgebildeten Tabellen zeigen die Details bei der Analyse und Bewertung der Erfolgsfaktoren und der Erfolgsindikatoren.

Praxistipp: Selbstbewertung

Die dazugehörigen Arbeitsblätter zur Bewertung der Erfolgsfaktoren sowie der Erfolgsindikatoren und Leistungskennzahlen im IMPROVE®-Zyklus können Sie für Ihren Selbstbewertungs-Workshop als kompletten Bewertungsleitfaden bei **m.kohlhaas@100persent.de** anfordern.

Analyse und Bewertung der Erfolgsfaktoren

Element	Kriterien	Erläuterung
Vorgehens-weise	Dokumentiert	Die Vorgehensweisen sind systematisch und lückenlos dokumentiert, dem relevanten Personenkreis kommuniziert und diesem jederzeit zugänglich.
	Fundiert und systematisch	Die Vorgehensweisen basieren auf den Bedürfnissen aller relevanten Interessengruppen, sind klar begründet und systematisch.
	Integriert	Die Vorgehensweisen unterstützen die Strategie und sind widerspruchsfrei mit anderen Vorgehensweisen und Prozessen verzahnt.
Umsetzung	Durchgängig eingeführt und konsequent angewendet	Die Vorgehensweisen sind in allen relevanten Bereichen durchgängig und lückenlos eingeführt.
Kontinuierliche Verbesserung	Gemessen, analysiert, bewertet	Die Effektivität und Effizienz aller Vorgehensweisen werden durch geeignete Leistungs-kennzahlen gemessen, analysiert und systematisch bewertet.
	Optimiert	Alle Vorgehensweisen werden systematisch aufgrund der Bewertungsergebnisse optimiert und agil gesteuert.
	Stabilisiert	Veränderte Vorgehensweisen werden in den relevanten Bereichen stabilisiert und konsolidiert.

Tabelle 6: Elemente und Kriterien im Bewertungsmodell des IMPROVE®-Zyklus, die bei den Erfolgsfaktoren bewertet werden.

Analyse und Bewertung der Erfolgsindikatoren sowie der Leistungskennzahlen

Element	Kriterien	Erläuterung
Nutzen	Relevanz	Alle verwendeten Erfolgsindikatoren und Leistungskennzahlen sind in sich stimmig, um die Leistung des Unternehmens hinsichtlich der Strategieumsetzung und der Erreichung der Unternehmensziele zu erfassen.
	Integrität	Alle Erfolgsindikatoren und Leistungskennzahlen werden zeitnah erhoben, sind durchgängig aussagekräftig und inhaltlich richtig.
	Segmentierung	Alle Erfolgsindikatoren und Leistungskennzahlen sind angemessen segmentiert und aggregiert, um aussagekräftige Analysen zu ermöglichen und sinnvolle Entscheidungen treffen zu können.
Leistung	Leistungsniveau	Das Leistungsniveau ist in allen Bereichen nachhaltig, d.h. über mindestens drei Jahre auf Top-Niveau.
	Trends	Es liegen herausragende Trends über die vergangenen drei bis fünf Jahre in allen Bereichen vor.
	Ziele	Für alle wesentlichen Erfolgsindikatoren und Leistungskennzahlen sind herausfordernde Ziele gesetzt, die im Einklang mit der Strategie stehen. Die Ziele werden durchgängig erreicht oder übertroffen.
	Vergleiche/ Benchmarks	Für alle Erfolgsindikatoren und Leistungskennzahlen liegen externe Vergleichszahlen vor. Das eigene Niveau ist bei wichtigen Leistungen der Benchmark.

Tabelle 7: Elemente und Kriterien, die dem Bewertungsmodell bei den Erfolgsindikatoren und den Leistungskennzahlen zugrunde liegen.

Erläuterung der Bewertung von Erfolgsfaktoren					
Vorgehensweise	**10% | 20%**	**30% | 40%**	**50% | 60%**	**70% | 80%**	**90% | 100%**
Dokumentiert	Die Vorgehensweisen sind nicht oder nur rudimentär dokumentiert.	Die Vorgehensweisen sind lückenhaft dokumentiert und nicht durchgängig kommuniziert.	Die Vorgehensweisen sind im Wesentlichen dokumentiert und kommuniziert.	Die Vorgehensweisen sind systematisch dokumentiert und dem relevanten Personenkreis kommuniziert.	Die Vorgehensweisen sind systematisch und lückenlos dokumentiert, dem relevanten Personenkreis kommuniziert und diesem jederzeit zugänglich.
Fundiert und systematisch	Die Vorgehensweisen sind im Ideenstadium, ggf. sind erste systematische Ansätze ausgearbeitet.	Die Vorgehensweisen berücksichtigen die Bedürfnisse weniger Interessengruppen, sind teilweise begründet und systematisch.	Die Vorgehensweisen berücksichtigen die Bedürfnisse der meisten Interessengruppen, sind begründet und systematisch.	Die Vorgehensweisen basieren auf den Bedürfnissen der meisten Interessengruppen, sind klar begründet und systematisch.	Die Vorgehensweisen basieren auf den Bedürfnissen aller relevanten Interessengruppen, sind klar begründet und systematisch.
Integriert	Die Unterstützung der Strategie ist nur ansatzweise erkennbar. Die Vorgehensweisen ist isoliert von anderen Vorgehensweisen.	Die Vorgehensweisen unterstützen die Strategie, sind allerdings nicht widerspruchsfrei zu anderen Vorgehensweisen und Prozessen.	Die Vorgehensweisen unterstützen die Strategie und sind im Wesentlichen widerspruchsfrei zu anderen Vorgehensweisen.	Die Vorgehensweisen unterstützen die Strategie und sind widerspruchsfrei mit anderen Vorgehensweisen und Prozessen teilweise verzahnt.	Die Vorgehensweisen unterstützen die Strategie und sind widerspruchsfrei mit anderen Vorgehensweisen und Prozessen verzahnt.
Umsetzung	**10% | 20%**	**30% | 40%**	**50% | 60%**	**70% | 80%**	**90% | 100%**
Durchgängig eingeführt, konsequent angewendet	Die Vorgehensweisen sind nur sehr lückenhaft oder als Pilotanwendung eingeführt und werden kaum angewendet.	Die Vorgehensweisen sind in wenigen Bereichen eingeführt. Es gibt noch Umsetzungslücken. Die Vorgehensweisen werden in einigen Bereichen angewendet.	Die Vorgehensweisen sind in wesentlichen Bereichen eingeführt. Es gibt wenige Umsetzungslücken. Die Vorgehensweisen werden in einigen wesentlichen Bereichen konsequent angewendet.	Die Vorgehensweisen sind in allen relevanten Bereichen eingeführt. Die Vorgehensweisen werden in den meisten Bereichen sinnvoll und konsequent angewendet.	Die Vorgehensweisen sind in allen relevanten Bereichen durchgängig und lückenlos eingeführt und werden in allen relevanten Bereichen sinnvoll und konsequent angewendet.
Kontinuierliche Verbesserung	**10% | 20%**	**30% | 40%**	**50% | 60%**	**70% | 80%**	**90% | 100%**
Gemessen, analysiert, bewertet	Die Effektivität und Effizienz der Vorgehensweisen werden nicht oder sehr lückenhaft gemessen.	Die Effektivität und Effizienz einzelner Vorgehensweisen werden durch Leistungskennzahlen gemessen. Die Analyse und Bewertung erfolgt teilweise.	Die Effektivität und Effizienz der wesentlichen Vorgehensweisen werden durch geeignete Leistungskennzahlen gemessen. Die Analyse und Bewertung erfolgt teilweise.	Die Effektivität und Effizienz aller Vorgehensweisen werden durch geeignete Leistungskennzahlen gemessen. Die Analyse und Bewertung weist geringe Lücken auf.	Die Effektivität und Effizienz aller Vorgehensweisen werden durch geeignete Leistungskennzahlen gemessen, analysiert und systematisch bewertet.
Optimiert	Die Vorgehensweisen werden selten hinterfragt.	Die Vorgehensweisen werden aufgrund äußerer Einflüsse reaktiv optimiert.	Die wesentlichen Vorgehensweisen werden proaktiv optimiert und systematisch gesteuert.	Die wesentlichen Vorgehensweisen werden aufgrund der Bewertungsergebnisse systematisch optimiert und systematisch gesteuert.	Alle Vorgehensweisen werden aufgrund der Bewertungsergebnisse systematisch optimiert und agil gesteuert.
Stabilisiert	Veränderte Vorgehensweisen fallen rasch wieder in alte Verhaltensmuster zurück.	Veränderte Vorgehensweisen werden in wenige relevante Bereiche übernommen.	Veränderte Vorgehensweisen werden in alle relevanten Bereichen übernommen.	Veränderte Vorgehensweisen werden in alle relevanten Bereiche übernommen. Die Stabilisierung und Konsolidierung erfolgt zum Teil.	Veränderte Vorgehensweisen werden in allen relevanten Bereichen übernommen und systematisch stabilisiert und konsolidiert.

Tabelle 8: Hilfen für die Bewertung der Elemente und Kriterien der Erfolgsfaktoren im Bewertungsmodell des IMPROVE®-Zyklus

Erläuterung der Bewertung von Erfolgsindikatoren und Leistungskennzahlen					
Nutzen	**10% | 20%**	**30% | 40%**	**50% | 60%**	**70% | 80%**	**90% | 100%**
Relevanz	Es werden keine oder nur einige wenige Erfolgsindikatoren und Leistungskennzahlen erhoben.	Es werden einige Erfolgsindikatoren und Leistungskennzahlen erhoben, um die Leistung des Unternehmens zu erfassen. Verknüpfungen zur Strategieumsetzung sind in Ansätzen vorhanden.	Es werden die wesentlichen Erfolgsindikatoren und Leistungskennzahlen erhoben, um die Leistung des Unternehmens zu erfassen. Verknüpfungen zur Strategieumsetzung sind gut erkennbar.	Es werden alle wesentlichen Erfolgsindikatoren und Leistungskennzahlen erhoben, um die Leistung des Unternehmens zu erfassen. Verknüpfungen zur Strategieumsetzung sind meist stimmig.	Alle verwendeten Erfolgsindikatoren und Leistungskennzahlen sind in sich stimmig, um die Leistung des Unternehmens hinsichtlich der Strategieumsetzung und der Erreichung der Unternehmensziele zu erfassen.
Integrität	Erfolgsindikatoren und Leistungskennzahlen werden teilweise erhoben. Aussagekraft und inhaltliche Richtigkeit sind mäßig.	Wesentliche Erfolgsindikatoren und Leistungskennzahlen werden erhoben. Aussagekraft und inhaltliche Richtigkeit sind akzeptabel.	Alle wesentlichen Erfolgsindikatoren und Leistungskennzahlen werden erhoben. Sie sind im Wesentlichen aussagekräftig und richtig.	Alle wesentlichen Erfolgsindikatoren und Leistungskennzahlen werden zeitnah erhoben. Sie sind im Wesentlichen aussagekräftig und richtig.	Alle Erfolgsindikatoren und Leistungskennzahlen werden zeitnah erhoben, sind durchgängig aussagekräftig und inhaltlich richtig.
Segmentierung	Die Erfolgsindikatoren und Leistungskennzahlen sind nicht oder wenig segmentiert und auf einem sehr hohen Aggregationsniveau.	Die Erfolgsindikatoren und Leistungskennzahlen sind zum Teil segmentiert und auf einem hinreichend niedrigen Aggregations-niveau, um Entscheidungen treffen zu können.	Die wesentlichen Erfolgsindikatoren und Leistungskennzahlen sind angemessen segmentiert. Das Aggregationsniveau ermöglicht Analysen, um Entscheidungen treffen zu können.	Die wesentlichen Erfolgsindikatoren und Leistungskennzahlen sind angemessen segmentiert und aggregiert, um aussagekräftige Analysen zu ermöglichen und sinnvolle Entscheidungen treffen zu können.	Alle Erfolgsindikatoren und Leistungskennzahlen sind angemessen segmentiert und aggregiert, um aussagekräftige Analysen zu ermöglichen und sinnvolle Entscheidungen treffen zu können.
Leistung	**10% | 20%**	**30% | 40%**	**50% | 60%**	**70% | 80%**	**90% | 100%**
Leistungsniveau	Das Leistungsniveau wird nicht erhoben oder ist in vielen Bereichen schwach.	Das Leistungsniveau aller wesentlichen Bereiche wird erhoben; einige gute Ergebnisse werden erzielt.	Das Leistungsniveau ist in allen Bereichen nachhaltig gut, d.h. über mindestens drei Jahre auf gutem Niveau.	Das Leistungsniveau ist in allen Bereichen nachhaltig beeindruckend, d.h. über mindestens drei Jahre auf sehr gutem Niveau.	Das Leistungsniveau ist in allen Bereichen nachhaltig, d.h. über mindestens drei Jahre auf Top-Niveau.
Trends	Negative, keine oder nur sehr wenige positive Trends in nachrangigen Bereichen erkennbar.	Einige positive Trends (mindestens drei Jahre) bei wesentlichen Leitungsmessungen erkennbar. Keine negativen Trends.	Positive Trends (mindestens drei Jahre) bei allen Leistungs-messungen in den wesentlichen Bereichen.	Es liegen sehr gute Trends über die vergangenen drei bis fünf Jahre vor in allen Bereichen vor.	Es liegen herausragende Trends über die vergangenen drei bis fünf Jahre in allen Bereichen vor.
Ziele	Keine oder nur rudimentäre Zielsetzungen, die nicht oder unzureichend erreicht werden.	Für einige wesentliche Erfolgsindikatoren und Leistungskennzahlen sind Ziele gesetzt. Die Ziele werden zum Teil erreicht.	Für alle wesentliche Erfolgsindikatoren und Leistungskennzahlen sind Ziele gesetzt. Die Verbindung zur Strategie ist erkennbar. Die Ziele werden im Wesentlichen erreicht.	Für alle wesentlichen Erfolgsindikatoren und Leistungskennzahlen sind Ziele gesetzt, die im Einklang mit der Strategie stehen. Die Ziele werden im Wesentlichen erreicht oder zum Teil übertroffen.	Für alle wesentlichen Erfolgsindikatoren und Leistungskennzahlen sind herausfordernde Ziele gesetzt, die im Einklang mit der Strategie stehen. Die Ziele werden durchgängig erreicht oder übertroffen.
Vergleiche bzw. Benchmarks	Keine oder nur sehr wenige Vergleichszahlen.	Für einige wesentliche Erfolgsindikatoren und Leistungskennzahlen liegen externe Vergleichszahlen vor. Das Leistungsniveau des Wettbewerbs wird erreicht.	Für alle wesentliche Erfolgsindikatoren und Leistungskennzahlen liegen externe Vergleichszahlen vor. Das Leistungsniveau des Wettbewerbs wird teilweise übertroffen.	Für alle wesentlichen Erfolgsindikatoren und Leistungskennzahlen liegen externe Vergleichszahlen vor. Das Leistungsniveau des Wettbewerbs wird durchgängig übertroffen.	Für alle Erfolgsindikatoren und Leistungskennzahlen liegen externe Vergleichszahlen vor. Das eigene Niveau ist bei wichtigen Leistungen der Benchmark.

Tabelle 9: Hilfen für die Bewertung der Elemente und Kriterien der Erfolgsindikatoren und Leistungskennzahlen im Bewertungsmodell des IMPROVE®-Zyklus

Anhang

Werte

Unser agiles Prozessmodell der Unternehmensführung und der IMPROVE®-Zyklus basieren auf Europäischen Werten, die in der „*European Social Charter*" (überarbeitet im Jahr 1996) festgehalten sind. Diese Vertragswerke haben 47 Europäische Mitgliedstaaten ratifiziert und die Prinzipien in die nationale Gesetzgebung integriert.

Im Jahre 2000 wurde der *United Nations Global Compact* (UN Global Compact) eingeführt, um die Ziele der Vereinten Nationen durch die Tätigkeiten von Organisationen und Unternehmen zu unterstützen.

UN Global Compact steht für einen weltweiten Pakt (deutsch: Globaler Pakt der Vereinten Nationen), der zwischen Unternehmen und der UNO geschlossen wird, um die Globalisierung sozialer und ökologischer zu gestalten.

Am 31. Januar 1999 wurde der Pakt offiziell von UN-Generalsekretär Kofi Annan in einer Rede anlässlich des Weltwirtschaftsforums in Davos allen interessierten Unternehmensführern angeboten. Die Internationale Handelskammer (ICC) war lange Zeit der einzige Ansprechpartner aus der Wirtschaft, der diese Initiative aufgriff. Bereits im Juli 1999 vereinbarten die ICC und Kofi Annan eine enge Zusammenarbeit. Die ICC gewann die ersten 50 multinationalen Unternehmen. Am 26. Juli 2000 wurde in New York die operative Phase gestartet.

Die Grundsätze des *UN Global Compact* sind in zehn Prinzipien formuliert, die an dieser Stelle sinngemäß wiedergegeben werden. Unternehmen, die den Global Compact unterschreiben, sollen

1) die international verkündeten Menschenrechte respektieren und ihre Einhaltung innerhalb ihrer Einflusssphäre fördern.

2) sicherstellen, dass sie nicht bei Menschenrechtsverletzungen mitwirken.

3) die Rechte ihrer Beschäftigten, sich gewerkschaftlich zu betätigen, respektieren sowie deren Recht auf Kollektivverhandlungen effektiv anerkennen.

4) alle Formen von Zwangsarbeit bzw. erzwungener Arbeit ausschließen.

5) an der Abschaffung von Kinderarbeit mitwirken.

6) jede Diskriminierung in Bezug auf Beschäftigung und Beruf ausschließen.

7) eine vorsorgende Haltung gegenüber Umweltgefährdungen einnehmen.

8) Initiativen zur Förderung größeren Umweltbewusstseins ergreifen.

9) die Entwicklung und die Verbreitung umweltfreundlicher Technologien ermutigen.

10) gegen alle Arten der Korruption eintreten, einschließlich Erpressung und Bestechung.

Weitere Einzelheiten entnehmen Sie bitte dem „Praxisratgeber für eine Fortschrittsmitteilung Communication on Progress (COP) - Leitfaden zur Erstellung einer COP für Unternehmen des Global Compact“:

https://www.unglobalcompact.org/docs/languages/german/de-gc-praxisratgeber.pdf

Schließlich unterstützt unser agiles Prozessmodell der Unternehmensführung die Inhalte des Manifests *„Globales Wirtschaftsethos – Konsequenzen für die Weltwirtschaft“* (Manifest „Globales Wirtschaftsethos – Konsequenzen für die Weltwirtschaft“)

Das Manifest wurde von der *Stiftung Weltethos* mit Praktikern aus der Wirtschaft und mit Wirtschaftsethikern erarbeitet. Am 06.10.2009 wurde es gemeinsam mit dem *UN Global Compact*, der Schweizer UN-Mission und der Novartis Stiftung im UN-Hauptquartier in New York der Öffentlichkeit vorgestellt.

Es umfasst Stellungnahmen und Erklärungen insbesondere zu vier Grundwerten eines globalen Wirtschaftsethos:

- Gewaltlosigkeit und Achtung vor dem Leben
- Gerechtigkeit und Solidarität
- Wahrhaftigkeit und Toleranz
- Gegenseitige Achtung und Partnerschaft

Wer sich dem Anliegen des Manifests anschließen möchte, kann sich auf der Website www.globaleconomicethic.org als Unterzeichner oder Unterstützer eintragen.

Unser agiles Prozessmodell der Unternehmensführung berücksichtigt die genannten Prinzipien explizit oder implizit, wie etwa Menschenrechte, Kinderarbeit, alle Arten der Korruption einschließlich Erpressung und Bestechung sowie Diskriminierung in Bezug auf Beschäftigung und Beruf sowie eine vorsorgende Haltung gegenüber Umweltgefährdungen da sie in Deutschland rechtlichen Regelungen unterworfen sind, die einzuhalten sind.

Unser agiles Prozessmodell der Unternehmensführung geht davon aus, dass ausgezeichnete Unternehmen die zehn Prinzipien des *UN Global Compact* sowie die vier Grundwerte des Manifests „*Globales Wirtschaftsethos – Konsequenzen für die Weltwirtschaft*" respektieren und einhalten – unabhängig davon, ob rechtliche Verpflichtungen dazu bestehen.

Glossar

Anspruchsgruppe

Als Anspruchsgruppe, auch -> Stakeholder genannt, wird eine Gruppe, eine Organisation, ein anderes Unternehmen u.ä. bezeichnet, die ein berechtigtes Interesse am Verlauf oder am Ergebnis eines Prozesses, eines Projektes oder generell am Unternehmen hat.

Benchmarking

(engl. Benchmark = „Maßstab") bezeichnet in der Betriebswirtschaft eine Managementmethode, mit der sich durch zielgerichtete Vergleiche unter mehreren Unternehmen das jeweils beste als Referenz zur Leistungsoptimierung herausfinden lässt. Dazu ist es notwendig, durch Vergleich bessere Methoden und Praktiken (Best Practices) zu identifizieren, zu verstehen, auf die eigene Situation anzupassen und zu integrieren.

Beschäftigungsfähigkeit

bezeichnet die Fähigkeit zur Partizipation am Arbeits- und Berufsleben. Die individuelle Beschäftigungsfähigkeit ist das Ergebnis der Übereinstimmung bzw. Differenz zwischen den Anforderungen der Arbeitswelt einerseits und den persönlichen, fachlichen, sozialen und methodischen Kompetenzen sowie der individuellen Gesundheit und Arbeitsfähigkeit andererseits.

Best Practices

-> siehe Benchmarking

Beste Praktiken

-> siehe Benchmarking

BMM-AWARD
Wettbewerb der *100PersEnt GmbH & Co. KG* in Kooperation mit der *Manufaktur für Führungskultur im Mittelstand e.V.* für mittelständische Unternehmen. Der *BMM-AWARD* würdigt das Engagement und herausragende Leistungen in der Etablierung einer leistungs- und mitarbeiterorientierten Führungskultur.

Demografische Entwicklung
Die Demografie ist eine Wissenschaft, die sich statistisch und theoretisch mit der Entwicklung von Bevölkerungen und ihren Strukturen befasst. Sie untersucht ihre alters- und zahlenmäßige Gliederung, ihre geografische Verteilung sowie die Umwelt- und sozialen Faktoren, die für Veränderungen verantwortlich sind. Die demografische Entwicklung meint vor allem die Folgen einer alternden Gesellschaft.

Dienstleistung
Bezeichnet die Erbringung von Leistungen an Kunden, bei denen die Produkterstellung und oder Lieferung nachrangig ist.

Diversity
-> siehe Vielfalt

Effektivität
Effektivität ist ein Maß für Wirksamkeit von Handlungen im Hinblick auf die Zielerreichung (die richtigen Dinge tun). Es gibt Aufschluss darüber, wie nahe ein erzieltes Ergebnis dem angestrebten Ergebnis gekommen ist. Dies gilt im Unterschied zur -> Effizienz (als Maß für Input-Output-Relationen) unabhängig vom Aufwand.

Effizienz
Effizienz ist ein Maß für Input-Output-Relationen und bezeichnet das Verhältnis zwischen Aufwand und erzieltem Ertrag (die Dinge richtig tun).

EFQM
Die EFQM (*European Foundation for Quality Management*) ist eine gemeinnützige Organisation, die sich für die Verbreitung und Anwendung von Qualitätsmanagement-Systemen nach dem EFQM-Modell einsetzt.

Employability
-> siehe Beschäftigungsfähigkeit

Empowerment
-> siehe Ermächtigung

Erfolgsfaktor
Ein Erfolgsfaktor ist eine Größe, die eine Wirkung auf den Erfolg eines Unternehmens hat. Im Rahmen der Erfolgsfaktorenforschung wird zwischen strategischen Erfolgsfaktoren und kritischen Erfolgsfaktoren unterschieden.

Erfolgsindikator
Unter Erfolgsindikatoren werden meist Kennzahlen und Messgrößen verstanden, die einen definierten Erfolg messen, zum Beispiel Gewinn, Umsatz u.a. Die Erfolgsindikatoren legen dar, wie effektiv die Mission, die Vision und die Unternehmensstrategie einerseits und wie effizient die Geschäftsprozesse im Unternehmen andererseits umgesetzt werden.

Ermächtigung
Ermächtigung bezeichnet Strategien und Maßnahmen, die durch Übertragung von Verantwortung den Grad an Autonomie und Selbstbestimmung im Leben von Menschen oder Gemeinschaften erhöhen und es ihnen ermöglichen, ihre Interessen (wieder) eigenmächtig, selbstverantwortlich und selbstbestimmt zu vertreten.

Ethische Grundsätze
Die Ethik ist ein Teilgebiet der Philosophie und befasst sich mit Moral, insbesondere hinsichtlich ihrer Begründbarkeit. Die Ethik bezeichnet man auch als „praktische Philosophie“, da sie sich mit dem menschlichen Handeln befasst.

Facilitation
Facilitation ist in der Führungskräfteentwicklung ein relativ neues Format. Der Schwerpunkt liegt auf der Initiierung von Handlung, ist also im Schwerpunkt handlungs- und umsetzungsorientiert. Der Facilitator hilft Einzelpersonen und Gruppen, effektiver zu arbeiten, in dem sie ihre eigenen Probleme gemeinsam lösen und Strategien gemeinsam erarbeiten.

Führung
Führung ist die unmittelbare und absichtliche Einflussnahme von Führungskräften auf Mitarbeiter des Unternehmens, um die Unternehmensziele zu erreichen. Die Einflussnahme geschieht im Wesentlichen durch Kommunikation.

Führungsbarometer
Das *Führungsbarometer 100PersEnt FVI-KMU®* ist eine von der *100PersEnt GmbH & Co.KG* entwickelte Mitarbeiter-befragung, die mit rund 200 Items 14 Dimensionen erfolg-reicher Unternehmensführung erhebt und evaluiert. Die Ergebnisse der Befragung und deren Analyse dienen dem Unternehmen zur Initiierung von Handlungsplänen zur Verbesserung der -> Führungskultur.

Führungskultur
Unter Führungskultur wird die Gesamtheit von Strukturen, -> Prozessen, Ritualen, Einstellungen und Gewohnheiten in Unternehmen verstanden, die maßgeblichen Einfluss auf das Führungsverhalten von Führungskräften und dessen Auswirkungen auf das Verhalten der Geführten haben. Es

betrifft grundsätzlich die beiden Dimensionen „Leistungsorientierung" und „Mitarbeiterorientierung".

Führungsmodell
Denkmodell zur Beschreibung und Erklärung von Führung im Unternehmen.

Führungsprozess
-> siehe Prozess

Führungsstil
Der Begriff Führungsstil bezeichnet ein langfristiges, relativ stabiles, von der Situation unabhängiges Verhaltensmuster der Führungsperson, das zugleich die Grundeinstellung gegenüber den Mitarbeitern zum Ausdruck bringt.

Führungstechniken
Die Führungstechniken sind Instrumente und Methoden zum Zwecke der Gestaltung und Realisierung von Führung. Sie sind situationsabhängig und müssen nicht zwangsläufig dem eigenen -> Führungsstil entsprechen. Im Wesentlichen werden darunter die Management-by-Prinzipien verstanden.

Geschäftsprozess
-> siehe Prozess

Globalisierung
Gesamtgesellschaftlicher Trend, der die verstärkte internationale, weltweite Arbeitsteilung in all seinen Teilmärkten (Produktion, Märkte, Arbeitsmärkte, Finanzen) umfasst.

Innovation
Neuartige Ideen werden erst dann zu Innovationen, wenn diese in neue Produkte, Dienstleistungen oder Verfahren umgesetzt werden, die tatsächlich erfolgreiche Anwendung finden und den Markt durchdringen. Im hier verwendeten Sinne von Joseph Schumpeter ist Innovation als Aufstellung

einer neuen Produktionsfunktion definiert. Wirtschaft und Gesellschaft wandeln sich, wenn Produktionsfaktoren auf eine neuartige Art und Weise kombiniert werden.

Kerngeschäftsprozess
siehe -> Prozesse

Kernkompetenz
Die Kernkompetenz bezeichnet eine Fähigkeit bzw. Tätigkeit, die ein Unternehmen im Vergleich zur Konkurrenz besser ausführen kann und dadurch einen Wettbewerbsvorteil erlangt hat.

Kompetenz
-> siehe Kernkompetenz

Kreativität
Kreativität wird ganz allgemein als die Erschaffung neuer und brauchbarer Produkte, Prozesse und Verfahren definiert. Kreativität ist die zeitnahe Lösung (Flexibilität) für ein Problem mit ungewöhnlichen, vorher nicht gedachten Mitteln (Originalität) und mehreren Möglichkeiten der Problemlösung, die für das Individuum vor der Problemlösung in irgendeiner Weise nicht denkbar ist (Problemsensitivität).

Kunde
Ein Kunde ist eine Person, ein Unternehmen oder eine sonstige Organisation, die ein offensichtliches Interesse am Vertragsschluss zum Zwecke des Erwerbs eines Produkts oder einer Dienstleistung gegenüber einem Unternehmen zeigt.

KVP
-> siehe kontinuierliche Verbesserung

Managementsystem
Managementsysteme beschreiben die Aufgaben des Managements und deren Zusammenhänge und verknüpfen

sie mit Methoden und -> Prozessen, um wesentliche Management-Aufgaben wie zum Beispiel Ziele setzen, Ressourcen zuweisen, steuern und kontrollieren, erfolgreich zu bewältigen.

Manifest „*Globales Wirtschaftsethos*"
Im Manifest *Globales Wirtschaftsethos* werden die grundlegenden Prinzipien und Werte einer globalen Wirtschaft deklariert, so wie sie sich aus der Erklärung des Parlaments der Weltreligionen zum Weltethos (Chicago 1993) ergeben. Das Manifest für ein globales Wirtschaftsethos wurde 2009 in einer gemeinsamen Veranstaltung mit dem *UN Global Compact* am Hauptsitz der UNO in New York präsentiert.

Mission
Die Mission eines Unternehmens bringt den strategischen Zwecks des Unternehmens zum Ausdruck. Sie schafft die Grundlage für die Unternehmensstrategie. Sogenannte Mission-Statements beantworten zumeist die unternehmerische Kernfrage: wozu existiert das Unternehmen und wohin soll es sich entwickeln.

Ein klares und von allen geteiltes Verständnis vom Zweck des Unternehmens soll den Mitarbeitern dabei helfen, die entscheidenden Geschäftsprozesse zu verstehen.

Partizipation
Der Begriff Partizipation meint in dem hier verwendeten Zusammenhang die Einbeziehung von Mitarbeitern in die Gestaltung der Arbeit im weitesten Sinn, einschließlich der Prozessgestaltung und der Vorbereitung von bestimmten unternehmerischen Entscheidungen. Partizipation wird auch oft synonym mit Beteiligung, Teilhabe, Teilnahme, Mitwirkung, Mitbestimmung, u.ä. verwendet.

PDCA-Zyklus

Der PDCA-Zyklus, oder auch Demingkreis, beschreibt einen iterativen, vierphasigen Steuerungsprozess, der seine Ursprünge in der Qualitätssicherung hat. PDCA steht hierbei für Plan - Do - Check - Act, was im Deutschen mit ‚Planen – Umsetzen – Überprüfen – Handeln' übersetzt werden kann. Der PDCA-Zyklus findet Anwendung beim kontinuierlichen Verbesserungsprozess (Kaizen) und bei allen QM und TQM-Modellen.

Produkte

Ein Produkt ist eine vom Unternehmen erzeugte Ware oder Dienstleistung, die im Rahmen des wirtschaftlichen Verkehrs gegen Entgelt an -> Kunden veräußert wird.

Produktivität

Produktivität im hier verwendeten Sinne ist das Produkt aus -> Effektivität und -> Effizienz.

Projekt

Projekte sind die Summe von Aktivitäten, die in einem Unternehmen zum Zwecke der Erreichung eines zeitlich, räumlich und/ oder thematisch abgegrenzten Zieles ablaufen. Im Unterschied zum -> Prozess haben Projekte den Charakter der Einmaligkeit, bzw. der seltenen Wiederholung.

Prozesse

Prozesse, oder auch Geschäftsprozesse eines Unternehmens, sind alle Aktivitäten, die in einem Unternehmen zum Zwecke der Leistungserstellung im umfassendsten Sinne regelmäßig ablaufen. In dieser immer wiederkehrenden Regelmäßigkeit unterscheiden sie sich vom -> Projekt. Prozesse werden regelmäßig in -> Kerngeschäftsprozesse, Unterstützungsprozesse und Führungsprozesse unterteilt. Der Kerngeschäftsprozess umfasst alle Tätigkeiten, die unmittelbar der Wertschöpfung des Unternehmens dienen. Er beinhaltet in der Regel die Kernkompetenzen des Unternehmens.

RoI

Der Begriff *Return on Investment* (kurz: RoI, auch: Kapitalrentabilität, Kapitalrendite, Kapitalverzinsung) bezeichnet ein Modell zur Messung der Rendite einer unternehmerischen Tätigkeit, gemessen am Gewinn im Verhältnis zum eingesetzten Kapital. Der RoI beschreibt als Oberbegriff für Renditekennzahlen sowohl die Eigenkapitalrendite (*Return on Equity*, kurz RoE) als auch die Gesamtkapitalrendite (Return on Assets, kurz RoA). Der RoI ist im Du-Pont-Schema als Spitzenkennzahl durch Multiplikation von Umsatzrendite und Kapitalumschlag definiert.

ROCE

Der *Return on Capital Employed* (ROCE) ist eine betriebswirtschaftliche Kennzahl, die misst, wie effizient und profitabel ein Unternehmen mit seinem eingesetzten Kapital umgeht, und stellt quasi eine Weiterentwicklung der Gesamtkapitalrentabilität (->ROI) dar. Der Return on Capital Employed berechnet sich als Quotient aus dem Net Operating Profit After Taxes (NOPAT) und dem Gesamtkapital abzüglich kurzfristiger, nicht zinstragender Verbindlichkeiten und liquider Mittel, kurz: aus Anlagevermögen und Betriebskapital.

Selbstassessment

-> siehe Selbstbewertung

Selbstbewertung

Selbstbewertung im Sinne dieses Führungshandbuches ist die kritische Analyse und Bewertung der Erfolgsfaktoren und Erfolgsindikation anhand definierter Kriterien, die in der Regel durch die Führungskräfte vorgenommen wird. Ziel der Selbstbewertung ist die Initiierung von Projekten zur Verbesserung der Ist-Situation. Die Selbstbewertung wird idealerweise turnusmäßig durchgeführt, um den Prozess der kontinuierlichen Verbesserung aufrecht zu erhalten. Idealerweise ist die Selbstbewertung elementarer Bestandteil der jährlichen SWOT-Analyse im Rahmen der Strategieerstellung.

Stakeholder
-> siehe Anspruchsgruppen

Total Quality Management
Total-Quality-Management (TQM) bezeichnet die durchgängige, fortwährende und alle Bereiche einer Organisation (Unternehmen, Institution, etc.) erfassende, aufzeichnende, sichtende, organisierende und kontrollierende Tätigkeit, die dazu dient, Qualität als Systemziel einzuführen und dauerhaft zu garantieren. TQM wurde in der japanischen Automobilindustrie entwickelt und schließlich zum Erfolgsmodell gemacht. TQM benötigt die volle Unterstützung aller Mitarbeiter, um zum Erfolg zu führen.

TQM
-> siehe Total Quality Management

UN Global Compact
Global Compact oder auch *United Nations Global Compact* ist der englische Name für einen weltweiten Pakt (deutsch: Globaler Pakt der Vereinten Nationen), der zwischen Unternehmen und der UNO geschlossen wird, um die Globalisierung sozialer und ökologischer zu gestalten.

Unternehmenserfolg
Unternehmenserfolg ist das Ausmaß, in dem das Unternehmen seinen Unternehmenszweck erfüllt. Gleichermaßen werden Kennzahlen verfolgt, die die Einwirkungen des Unternehmens auf die Anspruchsgruppen messen und somit die Wahrnehmung der berechtigten Interessen dieser Gruppen berücksichtigen.

Unternehmenskultur

Unternehmenskultur (englisch: *corporate culture*) ist ein Begriff der Organisationstheorie und beschreibt die Entstehung und Entwicklung kultureller Wertemuster innerhalb von Unternehmen. Die Unternehmenskultur wirkt auf alle Bereiche des Managements (Entscheidungsfindung, Führung, Beziehungen zu Kollegen, Kunden und Lieferanten, Kommunikation usw.). Jede Aktivität in einem Unternehmen ist auf Basis ihrer Kultur entstanden und dadurch kulturell beeinflusst. Das Selbstverständnis der Unternehmenskultur erlaubt es den Mitarbeitern, Ziele besser verwirklichen zu können.

Unterstützungsprozess

-> siehe Prozesse

Urbanisierung

Urbanisierung bzw. Re-Urbanisierung bezeichnet die steigende Attraktivität, wieder in der Stadt zu wohnen. Aktuell gibt es viele Anzeichen, dass es in Deutschland eine Re-Urbanisierung gibt. So stiegen die Bewohner der überwiegenden Anzahl der Großstädte in Deutschland in den letzten 10 Jahren, obwohl die Bevölkerung leicht abnahm. Auch Bevölkerungsprognosen fallen für Großstädte deutlich dynamischer aus als für Gesamtdeutschland. Dieser Trend wird den Fachkräftemangel vor allem in ländlichen Regionen verschärfen.

Verantwortung

Der Begriff der Verantwortung bezeichnet nach verbreiteter Auffassung die Zuschreibung einer Pflicht zu einer handelnden Person oder Personengruppe (Subjekt) gegenüber einer anderen Person oder Personengruppe (Objekt) aufgrund eines normativen Anspruchs, der durch eine Instanz eingefordert werden kann und vor dieser zu rechtfertigen (zu beantworten) ist. Handlungen und ihre Folgen können je nach gesellschaftlicher Praxis und

Wertesystem für den Verantwortlichen zu Konsequenzen wie Lob und Tadel, Belohnung, Bestrafung oder Forderungen nach Ersatzleistungen führen. Die Verantwortung kann aber auch auf einem selbst gewählten Ideal als einer nur individuell gültigen Norm beruhen. Allerdings ist auch in diesem Fall der Anspruch an Wirkungen gegenüber anderen Personen oder Institutionen gebunden. Denn nur unter Einbeziehung der Mitwelt ergibt der Begriff der Verantwortung einen Sinn. In jedem Fall setzt die Zuschreibung von Verantwortung die Annahme einer Handlungsfreiheit und eines wirksamen Einflusses des Handelnden auf das Handlungsergebnis voraus.

Vielfalt
Vielfalt (*Diversity*, engl. für Diversität, Vielfältigkeit) steht als moderner Gegenbegriff zu Diskriminierung, um antidiskriminierende Maßnahmen argumentativ zu bündeln.

Vision
Eine Vision ist ein klares Bild der Geschäftsführung und der Führungskräfte davon, was ihr Unternehmen in der Zukunft sein wird. Sie ist ein gewissenhaft entwickeltes Bild darüber, wie die Führungskräfte die Zukunft ihres Unternehmens sehen. Eine motivierende Vision gibt eine Richtung vor und erzeugt idealerweise die Leidenschaft, die für die Umsetzung notwendig ist.

Volition
Volition lässt sich mit Willenskraft übersetzen. Gemeint ist damit die Fähigkeit einer Person, ein definiertes Ziel tatsächlich in Ergebnisse umzuwandeln. Das ist allein durch Motivation nicht zu erreichen. Unternehmen, die ihre Produktivität steigern wollen, benötigen daher Führungskräfte, die über volitionale Kompetenzen, auch Umsetzungskompetenzen genannt, verfügen. Eine Studie der London Business School aus dem Jahr 2006 belegt jedoch,

dass nur 10 Prozent der Führungskräfte über solche Umsetzungskompetenzen verfügen.

Vorgehensweise/Methode/Handlungsansatz
-> siehe Prozess

WACC
Weighted Average Cost of Capital (WACC; deutsch: gewichteter durchschnittlicher Kapitalkostensatz) bezeichnet ein Verfahren der Unternehmensbewertung. Der gewichtete durchschnittliche Kapitalkostensatz wird von vielen Unternehmen verwendet, um eine Mindestrendite für Investitionsprojekte oder die gesamte Unternehmenstätigkeit zu bestimmen.

Weltethos Institut
Das *Weltethos-Institut* ist ein An-Institut der Universität Tübingen. Ziel des international agierenden Weltethos-Instituts ist es, moralisches Handeln in der globalen Wirtschaft sowie den Dialog der Kulturen zu fördern.

Finanziert wird das Institut von der gemeinnützigen *Karl-Schlecht-Stiftung (KSG)*, die an den Werten des Stifters Karl Schlecht orientiert arbeitet.

-> siehe auch Manifest „*Globales Wirtschaftsethos*"

Werte
In Anlehnung an die Definition von Werten nach Kluckhohn (1951), ist Wert ein Konstrukt des Wünschenswerten, das die Auswahlentscheidung zwischen verschiedenen Handlungsmöglichkeiten, Handlungsformen und Handlungsfolgen beeinflusst. Werte bilden sich unvermeidbar explizit oder implizit aus und machen Individuen und Gruppen diesbezüglich unterscheidbar. Sie bilden ein wesentliches Fundament der -> Unternehmenskultur.

Literaturverzeichnis

Achtziger, A., & Gollwitzer, P. (2006). Motivation und Volition im Handlungsverlauf. In J. Heckhausen, H. Heckhausen, & (Herausgeber), *Motivation und Handeln (Dritte, überarbeitete und aktualisierte Auflage)* (S. 277-302). Heidelberg: Springer Medizin Verlage.

Avolio, B., Gardner, W., Walumbwa, F., Luthans, F., & May, D. (Heft 15 2004). Unlocking the mask: A look at the process by which authentic leaders impact follower attitudes and behaviors. *The Leadership Quarterly*, S. 801-823.

Bass, B., & Avolio, B. (1994). *Improving organizational effectiveness through transformational leadership.* Thousand Oaks, CA: Sage Publications Inc.

Bass, B., & Riggio, R. (2006). *Transformational leadership (2nd edition).* Mahwah, NJ: Lawrence Erlbaum Associates Inc.

Baudissin, W. G. (1969). Soldat für den Frieden. München: Verlag Piper.

Bloom, N., & Van Rennen, J. (2007). Measuring and explaining management practices across firms and countries. *The Quarterly Journal of Economics, 122*, S. 1351- 1408.

Brown, M., & Trevino, L. (Heft 17 2006). Ethical Leadership: A Review and future directions. *The Leadership Quarterly*, S. 595-616.

Carson, P., Carson, K., & Roe, C. (23 1993). Social power bases: A meta-analytic examination of interrelationships and outcomes. *Journal of Applied Social Psychology*, S. 1150-1169.

Clausewitz, C. (1832). *Vom Kriege (1980; ungekürzter Text nach der Erstauflage (1832 - 1834)).* Frankfurt a.M., Berlin, Wien: Ullstein.

Clavell, J. (. (1988). *Sunzi, Die Kunst des Krieges.* München: Droemer Knaur.

Comelli, G. (Münster. Heft 41 1979). Menschenführung und Organisationsentwicklung. *Schriftenreihe der Textilverbände Nord-West.*

Drucker, P. (2009). *Management - Das Standard komplett überarbeitet und erweitert* (Bde. Band 1, Seite 62). Frankfurt/ New York: Campus Verlag.

Drucker, P. F. (1. January-February 1967). Thee effective Decision. *Harvard Business Review*, S. 50-62.

Drucker, P. F. (2009). *Management* (Bde. Band 1, Seite 62). Frankfurt/ New York: Campus Verlag.

Faschingbauer, M. (2013). *Effectuation. Wie erfolgreiche Unternehmer denken, entscheiden und handeln* (2., erweiterte und aktualisierte Auflage Ausg.). Stuttgart: Schäffer-Poeschel.

Fiedler, F. (14 1967). Style of leadership and performance of coacting groups. *Zeitschrift für Experimentelle und Angewandte Psychology*, S. 200-217.

Gilbert, D. U. (2010). Entwicklungslinien der ökonomischen Vertraunesforschung. In M. (. Maring, *Vertrauen – zwischen sozialem Kitt und der Senkung von Transaktionskosten* (S. Seite 169 - 198). Karlsruhe: Karlsruher Institut für Technologie (KIT); KIT Scientific Publishing.

Habenicht, M. (2012). Die Führungsphilosophie der Bundeswehr (Innere Führung) – Eine Idee zur Menschenführung auch für andere Organisationen?...! . Hamburg : Verlag Dr. Kovac.

Hauser, F., Schubert, A., & Aicher, M. (2008). *Unternehmenskultur, Arbeitsqualität und Mitarbeiterengagement in den Unternehmen in Deutschland.* Abschlussbericht Forschungsprojekt Nr. 18/05 des BMAS.

Heckhausen, H., & Gollwitzer, P. (Band 11, Nr. 2 1987). Thought Contents and Cognitive Functioning in Motivational versus Volitional States of Mind. *Motivation and Emotion*, S. 101 - 120.

Hiller, N., DeChurch, L., Murase, T., & Doty, D. (2011). Searching for outcomes of leadership: A 25-year review. *Journal of Management, 37*, S. 1137 - 1177.

Hilti, M. (2007). Werteorientierte Unternehmensführung. In L. M. al., *Werte - Was die Gesellschaft zusammenhält* (S. 199 - 216). Gütersloh: Bertelsmann Stiftung.

Imai, M. (1996). *Kaizen. Der Schlüssel zum Erfolg der Japaner im Wettbewerb. 7. Auflage.* Berlin u. a.: Ullstein.

Judge, T., & Piccolo, R. (Jahrgang 89 2004). Transformational and transactional leadership: a meth-analytic test of their relative validity. *Journal of Applied Psychology*, S. 755-768.

Judge, T., Bono, J., Ilies, R., & Gerhardt, M. (87 2002). Personality and Leadership: A qualitative and quantitative review. *Journal of Applied Psychology*, S. 765-780.

Judge, T., Piccolo, R., & Ilies, R. (89 2004). The forgotten ones? The validity of consideration and initiating structure in leadership research. *Journal of Applied Psychology*, S. 36-51.

Jumpertz, S. (01. Februar 2011). Wie positiv sollten wir denken? *managerSeminare*(Heft 155), S. Seite 38-44.

Kaplan, R., & Norton, D. (Januar/Februar 1992). The Balanced Scorecard – Measures that Drive Performance. *Harvard Business Review*.

Kohlhaas, M. (2012). Zielcollage. In C. Rauen, *Coaching Tools III (3. Auflage 2018)* (S. 82-88). Bonn: managerSeminare Verlags GmbH.

Kotler, P., Berger, R., & Bickhoff, N. (2010). *The Quintessance of Strategic Management.* Berlin: Springer-verlag.

Laloux, F. (2015). *Reinventing Organizations. Ein Leitfaden zur Gestaltung sinnstiftender Formen der Zusammenarbeit.* München: Vahlen.

Locke, E. A., & Latham, G. P. (1990). *A theory of goal setting and task performance.* Englewood Cliffs: Prentice-Hall.

Malorny, C. (1998). *TQM umsetzen. Der Weg zur Business Excellence.* Stuttgart: Schäffer-Poeschel Verlag.

(kein Datum). *Manifest „Globales Wirtschaftsethos – Konsequenzen für die Weltwirtschaft“.* Hrsg.: Stiftung Weltethos, Waldhäuser Straße 23, 72076 Tübingen.

McChrystal, S., McChrystal, S. A., Collins, T., Fussell, C., & Silverman, D. (2016). *Team of Teams: New Rules of Engagement for a Complex Worls.* London: Penguin.

McClelland, D. (1 1965). N achievement and entrepreneurship: A longitudinal study. *Journal of Peersonality and Social Psychology*, S. 389 - 392.

McClelland, D. (2009). *Human Motivation.* Cambridge : Cambridge University Press.

Möckel, K. ,. (2018). *HR-Report 2018 - Schwerpunkt agile Organsiation auf dem Prüfstand.* Mannheim: Hays AG.

Pawar, B., & Eastman, K. (Jahrgang 22 1997). The nature and implication of contextual influences on transformational leadership: A conceptual examination. *Academy of Management Review*, S. 80-109.

Peus, C., Braun, S., & Frey, D. (2015). *Leadership Style Assessment. Ein Situational Judgment Test zur Erfassung von Führungsstilen.* Göttingen: Hogrefe.

Pfeffer, J., & Sutton, R. I. (2006). *Hard Facts, Dangerous Half-Truths And Total Nonsense: Profiting From Evidence-Based Management.* Stanford: Harvard Business Review Press.

Pircher Verdorfer, A., & Peus, C. (Jahrgang 58 2014). The measurement of servant leadership: Validazion of an German version of the Servant Leadership Survey (SLS). *Zeitschrift für Arbeits- und Organisationspsychology*, S. 1-16.

Robertson, B. J. (2015). *Holacracy: Ein revolutionäres Management-System für eine volatile Welt.* München: Vahlen.

Rosenstiel, L., & Comelli, G. (2003). *Führung zwischen Stabilität und Wandel.* München: Vahlen.

Sarasvathy, S. D. (2009). *Effectuation: Elements of Entrepreneurial Expertise.* Edward Elgar Publishing Ltd .

Scheibner, N., Hapkemeyer, J., & Banko, L. (2016). *iga.report33: Engagement erhalten - innere Kündigung vermeiden.* Dresden: Initiative Gesundheit und Arbeit (iga).

Schein, E. H. (1985). *Organizational Culture and Leadership. A Dynamic View.* San Francisco: Jossey-Bass Publishers.

Simon, H. (2007). *Hidden Champions des 21. Jahrhunderts – Die Erfolgsstrategien unbekannter*

Weltmarktführer. Frankfurt/ New York: Campus Verlag GmbH.

Skogstad, A., Einarsen, S., Torsheim, T., Aasland, M., & Hetland, H. (12. Jahrgang 2007). The destructiveness of laisser-faaire leadership behaavior. *Journal of Occupational Health Psycholgy*, S. 80-92.

Takeuchi, H., & Nonaka, I. (Jan/ Feb 1986). The new new product development game. *Harvard Business Review* , S. 137-146.

Watzlawick, P., Beavin, J. H., & Jackson, D. D. (2007). *Menschliche Kommunikation - Formen Störungen Paradoxien.* Bern: Hans Huber, Hogrefe AG.

Weber, M. (1921/22). *Wirtschaft und Gesellschaft.*

Welch, J., & Welch, S. (2005). *Winning.* London: Harper Collins Publihers.

Womack, J., Jones, D., & Roos, D. (1990). *The Machine that changed the World: The Story of Lean Production.* New York: Harper Collins.

Weitere Literaturhinweise

An dieser Stelle soll die weitere Literatur genannt werden, die das agile Prozessmodell der Unternehmensführung und dieses Führungshandbuch maßgeblich beeinflusst haben.

Alberternst, C. & Moser, K. (2007). Vertrauen zum Vorgesetzten, organisationales Commitment und die Einstellung zum Mitarbeitergespräch. Zeitschrift für Arbeits- und Organisationspsychologie, 3, 2007, S. 116 – 127

Bass, B.M. & Avolio, B. (1990). Transformational Leadership Development. Manual for the Multifactor Leadership Questionnaire. Palo Alto

Beckmann, J. & Heckhausen, H. (2006). Motivation durch Erwartung und Anreiz. In: J. Heckhausen, H. Heckhausen (Herausgeber). Motivation und Handeln (Dritte, überarbeitete und aktualisierte Auflage, S. 105 – 142). Heidelberg: Springer Medizin Verlag

Berth, R. (2006). Die Rendite der Werte. Harvard Business Manager (erweiterte deutsche Ausgabe), Januar 2006, S. 8 – 11

Blazejewski, S. & Dorow, W. (2006). Wie ein Wertekodex funktionieren kann. Harvard Business Manager (erweiterte deutsche Ausgabe), Januar 2006, S. 27 von 37

Bögel, R. (2003). Organisationsklima und Unternehmenskultur. In: L. v. Rosenstiel, E. Regnet & M.E. Domsch (Hrsg.). Führung von Mitarbeitern (5. Auflage, S. 707 – 720). Stuttgart: Schäffer-Poeschel Verlag

Brunstein, J. (2006). Implizite und Explizite Motive. In: J. Heckhausen & H. Heckhausen (Herausgeber). Motivation und Handeln (Dritte, überarbeitete und aktualisierte Auflage, S. 235– 253). Heidelberg: Springer Medizin Verlag

Brunstein, J. & Heckhausen, H. (2006). Leistungsmotivation. In: J. Heckhausen & H. Heckhausen (Herausgeber). Motivation und Handeln (Dritte, überarbeitete und aktualisierte Auflage, S. 143– 191). Heidelberg: Springer Medizin Verlag

Bungard, W. & Kohnke, O. (Hrsg.), (2000). Zielvereinbarungen erfolgreich umsetzen, Wiesbaden: Gabler Verlag, S.62 - 85

Change Management-Studie 2008. Business Transformation - Veränderungen erfolgreich gestalten, Capgemini Deutschland GmbH, Capgemini Consulting Studien-Broschüre, Berlin, 2007

Covey, St. M.R. & Merill, R. (2009). Schnelligkeit durch Vertrauen. Die unterschätzte ökonomische Macht. Offenbach: Gabal Verlag

Dierkes, M. & Mützel, S. (2003). Unternehmensethik jenseits von Rhetorik. In: L. v. Rosenstiel, E. Regnet & M. E. Domsch (Hrsg.). Führung von Mitarbeitern (5. Auflage, S. 799 – 808) Stuttgart: Schäffer-Poeschel Verlag

Drucker, P.F. (1998). Die Praxis des Managements. Düsseldorf: Econ Verlag

Drucker, P.F. mit J.A. Maciariello (2009). Management – Das Standardwerk komplett überarbeitet und erweitert, 2 Bände, Frankfurt am Main, Campus Verlage GmbH

Eschenbach, R. & Kunesch, H. (1995). Strategische Konzepte – Management-Ansätze von Ansoff bis Ulrich. 2., überarbeitete und erweiterte Auflage. Stuttgart, Schäffer Poeschel Verlag

Felfe, J. (2006). Transformationale und charismatische Führung – Stand der Forschung und aktuelle Entwicklungen. Zeitschrift für Personalpsychologie, 4, 2006, S. 163 – 167

Gälweiler, A. (1990). Strategische Unternehmensführung. 2. Auflage. Frankfurt am Main/ New York. Campus Verlag

Gebert, D. (1974): Organisationsentwicklung. Stuttgart

Gebert, D. & Rosenstiel, L. v. (1981). Organisationspsychologie. Stuttgart

Gerpott, T.J. & Domsch, M.E. (1995). Personalbeurteilung von Führungskräften. In A. Kieser (Hrsg.), Handwörterbuch der Führung (2., neugest. Aufl.). Stuttgart: Schäffer-Poeschel

Gollwitzer, P.M. (1993).Goal achievement: the role of intentions. European Review of Social Psychology, 4, S. 141 – 185

Gollwitzer, P.M. & Bargh, J.A.(Eds.) (1996). The psychology of action: Linking cognition and motivation to behavior. New York: Guilford

Gollwitzer, P.M. & Brandstätter, V. (1997). Implementation intentions and effective goal pursuit. Journal of Personality and Social Psychology, 73, S. 186 - 199

Hacker, W. (1986). Arbeitspsychologie: Psychische Regulation der Arbeitstätigkeiten. Bern: Huber Verlag

Handy, C.B. (1978): Zur Entwicklung der Organisationskultur einer Unternehmung durch Management-Development-Methoden. In: Zeitschrift für Organisation, 7, 1978, S. 404-410

Hax, A.C. & Majluf, N (1988). Strategisches Management: Ein integratives Konzept aus dem M.I.T. Frankfurt/ New York

Heckhausen, H., Gollwitzer, P.M. & Weinert, F.E. (Hrsg.). (1987). Jenseits des Rubikon: Der Wille in den Humanwissenschaften [Beyond the Rubicon: The will in the behavioral and social sciences]. Berlin: Springer

Heckhausen, J. & Heckhausen, H. (Herausgeber) (2006). Motivation und Handeln. Dritte, überarbeitete und aktualisierte Auflage, Heidelberg: Springer Medizin Verlag

Heckhausen, J. & Heckhausen, H. (2006). Motivation und Handeln: Einführung und Überblick. In: J. Heckhausen & H. Heckhausen (Herausgeber). Motivation und Handeln (Dritte, überarbeitete und aktualisierte Auflage, S. 1 – 10). Heidelberg: Springer Medizin Verlag

Hersey, P. & Blanchard, K.H. (1977). Management of organizational behavior: utilizing human resources. Englewood Cliffs, N.J.

Hilti, M. (2007). Werteorientierte Unternehmensführung. In L. Mohn, B. Mohn, W. Weidenfeld & J. Meier (Hrsg.). 2007. Werte – Was die Gesellschaft zusammenhält (S. 199 – 216). Gütersloh: Verlag Bertelsmann Stiftung.

Hinterhuber, H.H. (2004). Strategische Unternehmensführung, Bd. 1. Walter de Gruyter

Hinterhuber, H.H. (2004). Strategisches Handeln, Bd. 2. Walter de Gruyter

Hinterhuber, H.H. (2003). Leadership – Strategisches Denken systematisch schulen von Sokrates bis Jack Welch (1. Auflage). Frankfurt am Main: F.A.Z.-Institut für Management-, Markt- und Medieninformationen GmbH

Hofstede, G. (2001). Culture's Consequences – comparing values, behaviors, institutions and organizations across nations (second edition). Thousand Oaks, CA: Sage Publication

Kanning, U.P., Hofer, S. & Schulze-Willbrenning, B. (2004). Professionelle Personenbeurteilung. Göttingen: Hogrefe

Kaplan, R.S., Norton, D.P. (2001). Aus dem Amerikanischen von Horváth, P. & Kralj, D. Die strategiefokussierte Organisation: Führen mit der Balanced Scorecard. Stuttgart: Schäffer-Poeschel Verlag

Kieser, A. (Hrsg.), Handwörterbuch der Führung (2., neugestaltete Auflage). Stuttgart: Schäffer-Poeschel

Klages, H. (1984). Wertorientierungen im Wandel. Rückblick, Gegenwartsanalyse, Prognosen. Frankfurt am Main

Kleinbeck, U. (2004). Die Wirkung von Zielsetzung auf die Leistung. In: H. Schuler (Hrsg), Beurteilung und Förderung beruflicher Leistung (S. 215 – 237). Göttingen: Hogrefe

Kleinbeck, U. (2006). Handlungsziele. In: J. Heckhausen & H. Heckhausen (Herausgeber). Motivation und Handeln (Dritte, überarbeitete und aktualisierte Auflage, S. 255 – 276). Heidelberg: Springer Medizin Verlag

Kluckhohn, C. (1951). Values and value-orientation in the theory of action: An exploration in definition and classification. In: T. Parson & E. Shils (Hrsg.). Toward a general theory of action. Cambridge, Mass.: S. 388 – 433

Kohnke, O. (2000): Die Anwendung der Zielsetzungstheorie zur Mitarbeitermotivation und –steuerung. In: W. Bungard & O. Kohnke, (Hrsg.): Zielvereinbarungen erfolgreich umsetzen, Wiesbaden 2000, S. 35-65

Kuhl, J. (1983). Motivation, Konflikt und Handlungskontrolle. Berlin: Springer

Kuhl, J. (1984). Motivational aspects of achievement motivation and learned helplessness: Toward a comprehensive theory of action control. In B.A. Maher & W.B. Maher, (Hrsg.), Progress in Experimental Personality Research (Vo. 13, S. 99 – 171). New York: Academic Press

Kuhl, J. (1987). Action control: The maintenance of motivational states. In F. Halisch & J. Kuhl (Hrsg.), Motivation, Intontion, and volition (S. 279 – 291). Berlin: Springer

Kobi, J.-M. & Wüthrich, H.A. (1986). Unternehmenskultur verstehen, erfassen und gestalten. Landsberg am Lech: Moderne Industrie

Krohmer, H. (1999). Marktorientierte Unternehmenskultur als Erfolgsfaktor der Strategieimplementierung. Wiesbaden: Deutscher Universitätsverlag

Latham, G.P. & Wexley, K.N. (1977). Behavioral observation scales for performance. Englewood Cliffs: Prentice Hall

Locke, E.A. & Latham, G.P. (1990). A theory of goal setting and task performance. Englewood Cliffs: Prentice Hall

Locke, E. A. & Latham, G. P. (2002). Building a practically usefull theory of goal setting and task motivation. American Psychologist, 57, S. 705- 717.

Malik, F (2006). Führen Leisten Leben – Wirksames Management für eine neue Zeit (Neuauflage). Frankfurt Main: Campus Verlag GmbH

Malorny, Christian (1999). TQM umsetzen. 2. Auflage. Stuttgart: Schäffer-Poeschel Verlag

Maslow, A. H. (1954). Motivation and Personality. New York: Harper and Row

McClelland, D.C. (1953). The achievement motive. New York: Appleton-Century Crofts (Irvington/ Wiley)

McClelland, D.C., Koestner, R. & Weinberger, J. (1989). How do self-attributed and implicit motives differ? Psychological Review, 1996, S. 690 - 702

Mohn, L. (2007). Führung und Unternehmenskultur als Erfolgsfaktoren der Zukunft. In: L. Mohn, B. Mohn, W. Weidenfeld & J. Meier (Hrsg.). 2007. Werte – Was die Gesellschaft zusammenhält (S. 185 – 198). Gütersloh: Verlag Bertelsmann Stiftung.

Mohn, L., Mohn, B., Weidenfeld, W. & Meier, J. (Hrsg.). 2007. Werte – Was die Gesellschaft zusammenhält. Gütersloh: Verlag Bertelsmann Stiftung.

Muck, P.M. (2007). Führung. In: H. Schuler & K. Sonntag (Hrsg.). 2007. Handbuch der Arbeits- und Organisationspsychologie (S. 355 – 366). Göttingen: Hogrefe Verlag

Muck, P.M. & Sonntag, K. (2007). Zielsetzungs-, Beurteilungs- und Feedbackgespräch. In: H. Schuler & K. Sonntag, (Hrsg.). Handbuch der Arbeits- und Organisationspsychologie (S. 567 – 573). Göttingen: Hogrefe Verlag

Murray, H.A. (1938). Explorations in personality. New York: Oxford University Press

Nerdinger, F.W. (2003). Formen der Beurteilung. In: L.v. Rosenstiel, E. Regnet & M. E. Domsch (Hrsg.). Führung von Mitarbeitern (5. Auflage, S. 229 – 242). Stuttgart: Schäffer- Poeschel Verlag

Peters, T. & Waterman, Jr. R.H. (1982). In Search of Excellence: Lessons from America's Best-Run Companies. Harper Business Essentials

Portor, M. (2013). Wettbewerbsstrategie – Methoden zur Analyse von Branchen und Konkurrenten. 12., aktualisierte und erweiterte Auflage. Frankfurt/ New York. Campus Verlag GmbH

Pümpin, C. (1984). Unternehmenskultur, Unternehmensstrategie und Unternehmenserfolg. GDI Impuls, 2, S. 19 – 30

Pritchard, R. D., Kleinbeck, U., Schmidt, K.-H. (1993). Das Managementsystem PPM – Durch Mitarbeiterbeteiligung zu höherer Produktivität. München: C.H. Beck

Rosenstiel, L. v. (2003). Grundlagen der Führung. In: L. v. Rosenstiel, E. Regnet & M. E. Domsch (Hrsg.). Führung von Mitarbeitern (5. Auflage, S. 3 – 26). Stuttgart: Schäffer- Poeschel Verlag

Rosenstiel, L. v., Regnet, E. & Domsch, M.E. (Hrsg.). (2003). Führung von Mitarbeitern (5. Auflage). Stuttgart: Schäffer-Poeschel Verlag

Rosenstiel, L. v. (2007). Grundlagen der Organisationspsychologie (6., überarbeitete Auflage). Stuttgart: Schäffer-Poeschel Verlag

Rüegg-Stürm, J. (2013). Das neue St. Galler Management-Modell. Grundkategorien einer integrierten Managementlehre. Der HSG-Ansatz.; 2., durchgesehene Auflage. Bern, Haupt Verlag

Sackmann, S. A. (1991). Uncovering Cultures in Organizations. Journal of Applied Behavioural Science, 27, 3, S. 295 – 317

Sackmann, S. A. (2007). Assessment, Evaluation, Improvement: Success through Corporate Culture (2nd edition). Gütersloh: Verlag Bertelsmann Stiftung.

Scheffer, D. & Heckhausen, H. (2006). Eigenschaftstheorien der Motivation. In: J. Heckhausen & H. Heckhausen (Herausgeber). Motivation und Handeln (Dritte, überarbeitete und aktualisierte Auflage, S. 45– 72). Heidelberg: Springer Medizin Verlag

Schein, E.H. (1985). Organizational culture and leadership. San Francisco, CA: Jossey-Bass

Schmalt, H.-D., & Heckhausen, H. (2006). Machtmotivation. In: J. Heckhausen & H. Heckhausen (Herausgeber). Motivation und Handeln (Dritte, überarbeitete und aktualisierte Auflage, S. 211 – 234). Heidelberg: Springer Medizin Verlag

Schmidt, K.H. & Kleinbeck, U. (2006). Führen mit Zielvereinbarungen. Göttingen: Hogrefe

Schuler, H. (2004b) Leistungsbeurteilung – Gegenstand, Funktionen und Formen. In H. Schuler (Hrsg.), Beurteilung und Förderung beruflicher Leistung (2. Aufl., S. 1 – 23). Göttingen: Hogrefe.

Schuler, H. (2007). Funktionen und Formen der Leistungsbeurteilung. In: H. Schuler & K. Sonntag, (Hrsg.). Handbuch der Arbeits- und Organisationspsychologie (S. 542 – 554). Göttingen: Hogrefe Verlag

Schuler, H. & Sonntag, K. (Hrsg.). Handbuch der Arbeits- und Organisationspsychologie. (2007). Göttingen: Hogrefe Verlag

Simon, H. (2007) Hidden Champions des 21. Jahrhunderts – Die Erfolgsstrategien unbekannter Weltmarktführer. Frankfurt/ New York, Campus Verlag GmbH

Sokolowski, K. & J., Heckhausen, H. (2006). Soziale Bindung: Anschlussmotivation und Intimitätsmotivation. In: J. Heckhausen & H. Heckhausen (Herausgeber). Motivation und Handeln (Dritte, überarbeitete und aktualisierte Auflage, S. 193 – 210). Heidelberg: Springer Medizin Verlag, S. 66 von 85

Staufenbiel, Th. (2007). Theorien und Kriterien von Arbeitsleistung. In: H. Schuler & K. Sonntag, (Hrsg.). Handbuch der Arbeits- und Organisationspsychologie (S. 531 – 541). Göttingen: Hogrefe Verlag

Thielen, G. (2007). Werte nützen. In L. Mohn, B. Mohn, W. Weidenfeld & J. Meier (Hrsg.). 2007. Werte – Was die Gesellschaft zusammenhält (S. 235 – 247). Gütersloh: Verlag Bertelsmann Stiftung.

von Grolman, H. (2007). Warum Veränderungsprozesse so häufig scheitern. Frankfurter Allgemeine Zeitung, 10.12.2007, S. 20

Vroom, V., H. (1964). Work and Motivation. New York: Wiley Press

Vroom, V. H. & Yetton, P. (1973). Leadership and decision-making. Pittsburgh, S. 33 von 37

Watzlawik, P., Beavin, J.H., Jackson, D.D. (2007) Menschliche Kommunikation – Formen, Störungen, Paradoxien (11., unveränderte Auflage). Bern: Verlag Hans Huber, Hogrefe.

Wegge, J. (2001). Gruppenarbeit. In: H. Schuler (Hrsg.), Lehrbuch der Personalpsychologie (S. 483 – 507). Göttingen: Hogrefe

Wegge, J. & Kleinbeck, U. (1996). Goal-setting and group performance – Impact of achievement and affiliation motives, participation in goal-setting, and task interdependence of group members. In T. Gjesme & R. Nygard (eds.). Advances in motivation (S. 145 – 167). Oslo: Scandinavian University Press

Wegge, J. & Rosenstiel, L. von (2004). Führung. In: H. Schuler (Hrsg.). Lehrbuch Organisationspsychologie (3. Aufl., S. 475 – 512). Bern: Huber

Wegge, J. & Schmidt, K.-H. (Hrsg.), (2004). Förderung von Arbeitsmotivation und Gesundheit in Organisationen. Göttingen: Hogrefe

Welch, J. (2001). Jack: what I've learned leading a great company and great people. London: Headline book publishing

Welch, J. with Welch, S. (2005). Winning. London: HarperCollins Publisher

Weldon, E. & Weingart, L.R. (1993). Group goals and group performance. British Journal of Social Psychology, 32, S. 307 - 334

Abbildungsverzeichnis

Tabellenverzeichnis